After Effects

新勢界

8 堂課學會 AE 動畫與特效技巧

陳剛毅 Yosef Chen ◎著

智庫雲端

國家圖書館出版品預行編目 (CIP) 資料

After effects 新勢界：8 堂課學會 AE 動畫與特效技巧
/ 陳剛毅著，-- 初版，-- 臺北市 ：
智庫雲端有限公司, 2021.09
　面；公分
ISBN 978-986-2-06584-2-2（平裝附數位影音光碟）

1. 多媒體　2. 數位影像處理　3. 電腦動畫

312.8　　　　　　　　　　110015297

After Effects　新勢界
8 堂課學會 AE 動畫與特效技巧

作　　　　者　陳剛毅

出　　　　版　智庫雲端有限公司
發　行　人　范世華
地　　　　址　104 台北市中山區長安東路 2 段 67 號 3 樓
統 一 編 號　53348851
電　　　　話　02 25073316
傳　　　　真　02 25073736
e - m a i l　tttk591@gmail.com

美 術 設 計　李雯盈

總　經　銷　采舍國際有限公司
　　　　　　235 新北市中和區中山路二段 366 巷 10 號 3 樓
　　　　　　02 82458786（代表號）
　　　　　　http://www.silkbook.com

版　　　　次　2021 年 9 月初一版
定　　　　價　550 元
I　S　B　N　978-986-2-06584-2-2

序 Preface

由於坊間 After Effects 的書籍主要是針對該軟體的強大功能來製作影片特效，而對於此軟體在動畫製作上的應用就鮮少提及，殊為可惜。

有鑑於學生在製作動畫的場景或動作時，例如：樹葉、草、頭髮、衣服飄動，或是蝴蝶、蜜蜂飛舞，或是雲霧、下雨、閃電等等，以傳統動畫製作方式，需要繪製幾十張，甚至幾百張的連續圖案才能完成，若加上來回修飾，所花費時間就更不用說了。

本書會使用 After Effects 軟體的幾項特效功能，例如：父子關係的連結，2D 及 3D 動作關鍵影格、攝影機、粒子特效、模糊及變形等許許多多的特效，並結合玩偶圖釘功能、Java 程式及綁骨架程式，製作動畫及特效，讓讀者在學習過程中會發現，原來製作動畫或場景也可以這麼容易又好玩。

期待本書能帶您進入 After Effects 軟體製作動畫及特效的新視界。

目錄

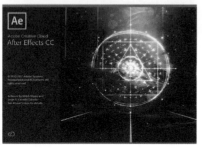

Lesson4 第4堂課　齒輪傳動動畫

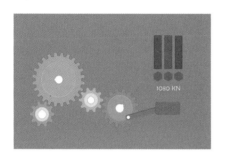

Lesson5 第5堂課　眼口髮動作動畫

Lesson6 第6堂課　蘆葦擺動動作動畫

Lesson7
第7堂課　　　　機器人動作動畫

Lesson8
第8堂課　　　　樹木花瓣飄動動畫

Lesson1

第 1 堂課

簡 介

Adobe After Effects 是一款提供 2D 及 3D 特效合成之軟體,適用於 PC 及 MAC 電腦平台。可將圖片或影片素材做各種圖層組合,並結合動作設定及許多不同的特效功能製作成動畫影片,After Effects 已廣泛應用於電影、電視、廣告、動畫、多媒體等相關數位影片之後製作。

本圖片、註冊商標、資料來源屬各註冊商與原軟體開發商所有。

1-1 Adobe Creative Cloud 介紹

1. 點擊網址 Adobe Creative Cloud/ www.adobe.com，進入 After Effects CC 的相關介紹。

2. 點擊【了解 Creative Cloud】後顯示如右圖。

3. 往下捲動頁面，可點擊 After Effects 劇院視覺效果和動態圖片，可進一步了解相關資訊及細節。

4. 進入 After Effects 劇院視覺效果和動態圖片之頁面後，有一些選項可點擊進入，如新增功能、所有視訊工具、精彩案例、學習與支援及購買。

本單元圖片、註冊商標、資料來源屬各註冊商與原軟體開發商所有。

1-2 After Effects CC 介面簡介

After Effects CC 之影片製作流程，基本上可分成六個步驟：

1 Composition: 建立合成 (Composition) 及配置素材、影像等圖層 (Layer)。

2 Layer: 在時間軸 (Timeline) 中增加文字 (Text)、實體 (Solid)、燈光 (Light)、相機 (Camera)、圖形 (Shape Layer) 等圖層。

3 Effect: 在圖片、影像、文字、圖形或合成等圖層添加各種不同的特效。

4 Animation: 在所有的物件或圖層上設定各種變數之關鍵影格或動畫動作。

5 Preview: 預覽所製作之動畫影片。

6 Export: 將合成之動畫影片經由算圖 (Render) 後輸出影片檔。

→ 1. 開啟應用程式 After Effects CC，點選 New Project（新專案）。

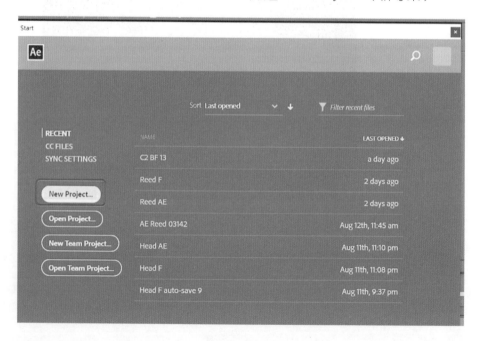

2. 點選 New Composition（新合成）創建一個新合成 (Create a New Composition)。

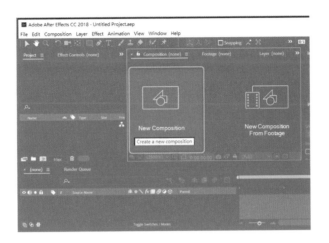

 3. 點選 New Composition（新合成）後，跳出 Composition Settings（合成設定）之視窗。在視窗中可修改 Composition Name（合成名稱）: Comp 1，Preset（預設）下拉選單中選擇 HDTV 1080 29.97，Frame Rate（影格速率）: 29.97 fps (frames per second)，即每秒 29.97 影格，Duration（時間週期）設定 8 秒 0;00;08;00，Background Color（背景顏色）: 黑色，設定完成後點按 OK。

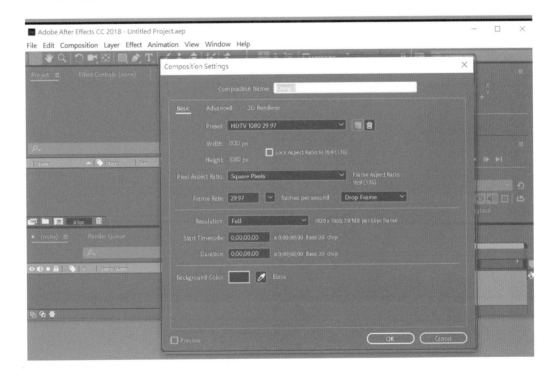

Lesson1

第1堂課

 4. 打開 After Effects 程式後,其工作區如下圖所示。

A: After Effects 應用程式視窗

B: 工具 (Tool) 列面板

C: 專案 (Project) 面板

D: 時間軸 (Timeline) 面板

E: 合成 (Composition) 面板

F: 資訊 (Info) 面板

G: 預覽 (Preview) 面板

H: 特效與預設 (Effects & Presets) 面板

熟記工具列的各項功能按鍵與區塊是練功的第一步!

A. 應用程式視窗

B. 工具 (Tool) 列

F. 資訊 (Info)

G. 預覽 (Preview)

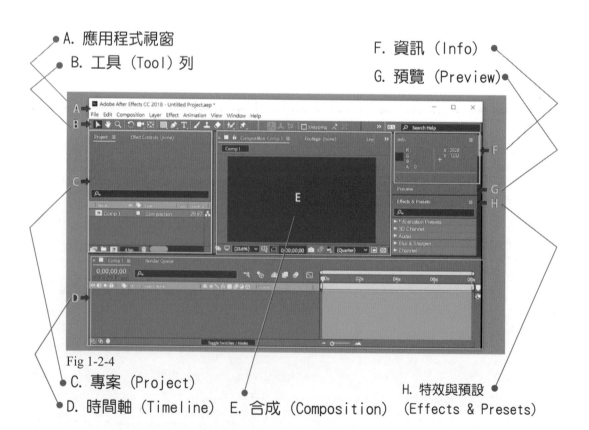

Fig 1-2-4

C. 專案 (Project)

D. 時間軸 (Timeline)　E. 合成 (Composition)

H. 特效與預設 (Effects & Presets)

5. 點按 File 後顯示如下選項，可選用 New 後新建專案（New Project），輸入（Import）素材檔案或輸出（Export）影片檔。

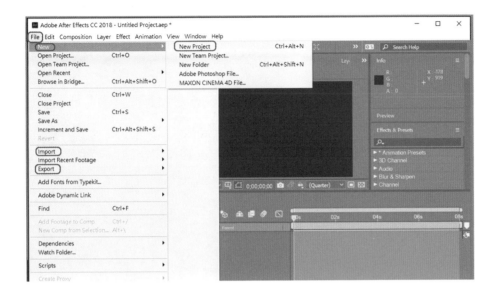

 6. 點按 Layer 後顯示如右選項，可選用 New 後在時間軸中加入 Text（文字）、Solid（實體）或 Camera（相機）等圖層。

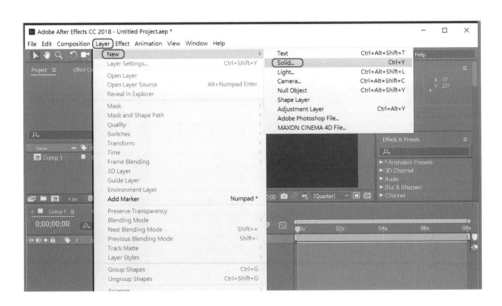

※ 剛開始不熟悉面板功能是比較辛苦的，慢慢來，多做
　　幾次就會記住囉！

7. 點選 Layer → New → Solid 後，可修正 Solid 名稱及其寬／高／像素（Width/ Height/Pixel）。

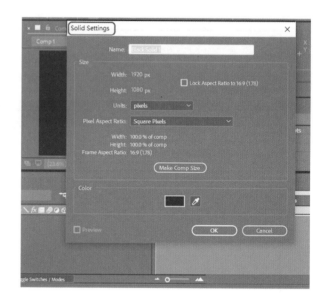

8. **點按 Effect 後顯示如下選項，可選用各種特效**加入在時間軸中的 Text（文字）、Solid（實體）或其他 Composition 等圖層。**點選 Simulation（模擬）**後顯示許多種特效，例如：CC Particle World（粒子世界）、CC Snowfall（下雪特效）、Wave World（波形世界）。

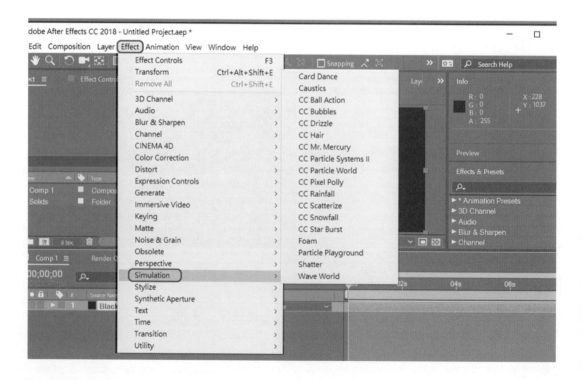

9. 點按 Animation 後顯示如下選項，**可選用各種關鍵影格**（Keyframe）的設定功能，或助理（Assistant）中的 Easy Ease（漸入漸出）或 Sequence Layer（序列圖層）。

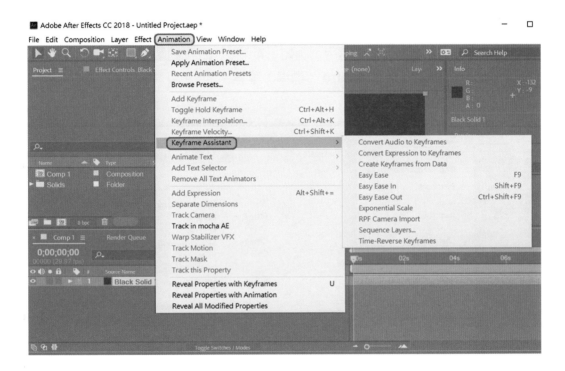

10. 點按 View 後顯示顯示各種不同的設定，例如：解析度（Resolution）、尺標（Rulers）或格線（Grid）。

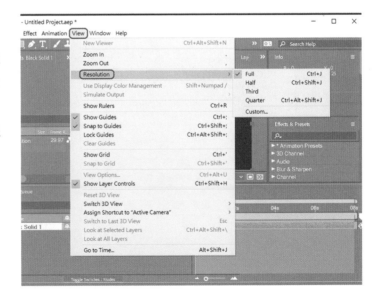

11. 點按 Window 後顯示如下選項，可選用各種功能面板，例如：Align（對齊）、Character（字元）、Effect & Presets（特效與預設集）、Preview（預覽）等等，點選 Workspace（工作區）後會顯示許多不同配置的工作區選項，依個人喜好及習慣選用，例如：Animation（動畫）、Effects（特效）、Paint（繪圖）或 Standard（標準）等等。

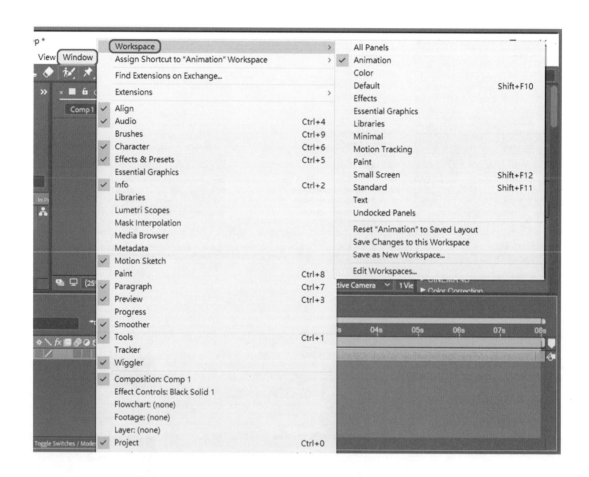

※ 恭喜你 已經完成前置作業—穿戴好配備，進行下一階段吧！

1-3 Tool 工具面板介紹

After Effects 應用程式視窗的上方有一列工具面板，如下圖所示，
而下表所示為其各項工具功能之說明及快捷鍵。

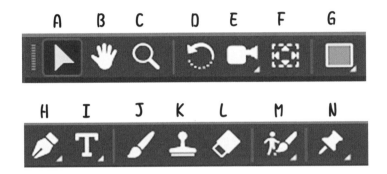

A 選擇　Selection Tool (V)

B 手掌　Hand Tool (H)

C 縮放　Zoom Tool (Z)

D 旋轉　Rotation Tool (R)

E 攝影機　Unified Camera Tool (C)

F 錨點移動　Pan Behind (Anchor Point) Tool (Y)

G 圖形與遮罩　Rectangle Tool (Q)

H 鋼筆　Pen Tool（G）

I 文字　Horizontal Type Tool (Ctrl + T)

J 筆刷　Brush Tool (Ctrl + B)

K 複製圖章　Clone Stamp Tool (Ctrl + B)

L 橡皮擦　Eraser Tool (Ctrl + B)

M 描圖筆刷　Roto Brush Tool (Alt + W)

N 玩偶圖釘　Puppet Pin Tool (Ctrl + P)

以圖形來熟記功
能與快速鍵可以
增加作業效率。

1-4 Timeline 時間軸面板介紹

Timeline 時間軸視窗如下圖所示，許多素材、變數之關鍵影格設定，或是特效、描述程式編寫都在此面板處理，而下表所示為其各項功能之說明。

A 合成名稱 Composition Name

B 目前時間 Current Time

C 合成流程圖　Composition Flowchart

D 繪製 3D Draft 3D

E 隱藏圖層 Hides all layers for which the "shy" switch is set

F 啟用影格混合 Enables Frame Blending for all layers with the Frame Blend switch set

G 啟用動態模糊 Enables Motion Blur for all layers with the Motion Blur switch set

H 曲線編輯器　Graph Editor

I 時間指示針　Current Time Indicator

J 時間尺標　　時間尺標的開始與結束指示條

K 時間尺標刻度　　　顯示時間間格

L 工作區時間　工作區時間尺標的開始與結束指示條

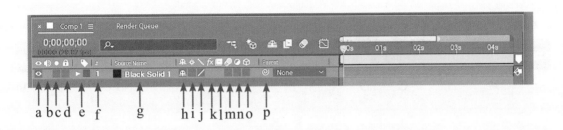

a 圖層（顯示 / 隱藏） Video – Hides video from Composition

b 聲音（顯示 / 隱藏） Audio – Mutes audio

c 顯示單一圖層　　　 Solo – Hides all non-solo video

d 鎖住 Lock – Prevents layer from being edited

e 標籤 Label

f 圖層編號　　 Number

g 來源檔名　　 Source Name

h 隱藏圖層　　 Shy - Hides layers in Timeline

i 合成瓦解轉換　　　 For Comp Layer: Collapse Transformations; For Vector Layer

j 畫質 Quality and Sampling

k 特效（執行 / 關閉） Effect – Turns off all effects

l 影格混合　　 Frame Blending

m 動態模糊　　 Motion Blur

n 調整圖層　　 Adjustment Layer

o 3D 圖層　　 3D Layer

p 父子關係　　 Parent

※ 時間軸面板是很重要的，趕快試試每一個功能吧！

1-5 Composition 合成面板介紹

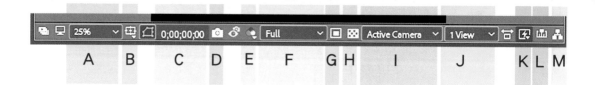

A　各種放大視窗比率　Magnification Ratio Popup

B　格線尺規及安全框　Choose grid and guide options

C　指示針之目前時間　Current Time

D　對目前畫面拍快照　Take Snapshot

E　各種顯示模式

　（預設 RGB）Show Channel and Color Management Settings

F　各種畫面解析度　Resolution/Down Sample Factor Popup

G　選取局部區域　　Region of Interest

H　切換成透明格線　Toggle Transparency Grid

I　各種 3D 視角　　3D View Popup

J　選擇各種視圖配置 Select view layout

K　各種快速預覽　　Fast Previews

L　顯示 Timeline 上層畫面　Timeline

M　顯示各圖層相互關係流程圖　　Composition Flowchart

當你開始實際操作學習 After Effects 製作動畫影片時，就能對這些視窗面板、工作區及功能更加瞭解。接下來的課程內容，你將會逐一碰到這些功能或工具，若對一些名詞不熟悉，可回到第一章翻閱查詢喔。

Lesson2

第2堂課

蝴蝶飛舞動畫

只畫一隻蝴蝶，就可做出 7 秒鐘蝴蝶飛舞的影片。

蝴蝶飛舞動畫

一般繪製蝴蝶飛舞的動畫動作時，為了確保蝴蝶翅膀拍動的動作順暢，通常需要在一秒鐘內繪製20張或30張的連續圖案，在補間動畫中需要考慮翅膀的大小、動作、旋轉、拍動的速度等等。若在動畫的畫面中需要很多的蝴蝶飛舞的場景，以傳統的繪製方式來製作動畫可能需要花幾天的時間才能完成，若再加上幾次來回的討論及修正就更不用說了。

　　Adobe After Effects 是一非線性視訊編輯特效合成的軟體，提供 2D 及 3D 工具組合，包含圖層、關鍵影格、尺寸旋轉變化、父子關係、燈光、攝影機及其他許許多多的特效等等，可以編輯製作出專業的動畫動作及特效。

2-1 建立蝴蝶合成檔案

 1. 開啟 After Effects CC 後點選 New Composition（新合成），
　跳出 Composition Settings（合成設定）視窗。

2. 在Composition Settings視窗中，修改Composition Name（合成檔名）：
Butterfly，Preset（預設）下拉選單中選擇 HDTV 1080 29.97，Frame
Rate（影格速率）：29.97 fps（frames per second），即每秒 29.97
影格，Duration（週期時間）：0;00;10;00（10 秒），Background
Color（背景顏色）：R80: G100: B80，設定完成後點按 OK 按鈕。

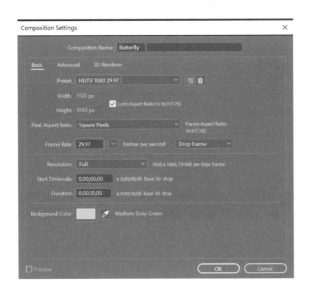

3. 新建立的合成檔案 Butterfly 會顯示在 Project（專案）視窗中，在紅
色線框中可清楚看到我們剛剛在 Composition Settings 視窗中所設定的
條件和數值。

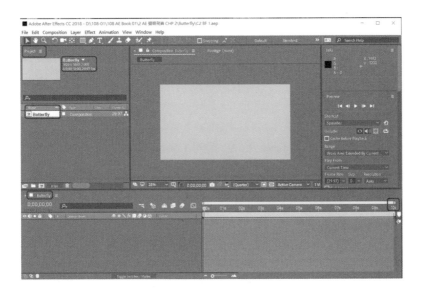

2-2 匯入檔案

 1. 點選工具列 File → Import（輸入）→ File，匯入檔案。

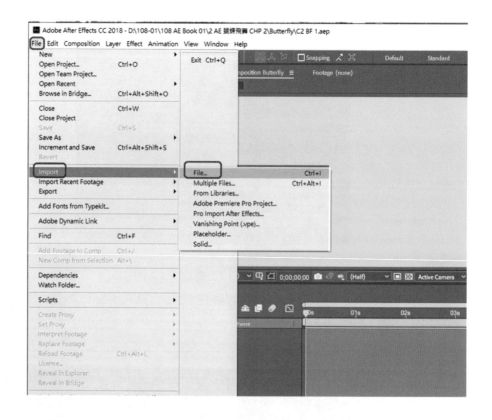

 Import As 選用 Composition（合成）圖層是希望能保留原有在 Ai 製作蝴蝶的三個圖層，分別為蝴蝶身體（Body）、左邊翅膀（L_Wing）及右邊翅膀（R_Wing），以便在 After Effects 軟體中可分別對不同圖層做動作設定。

2. 點選檔名：AE 2 BF 之 Ai 檔案，Import As 選用 Composition（合成），
然後點選 Import 按鈕。

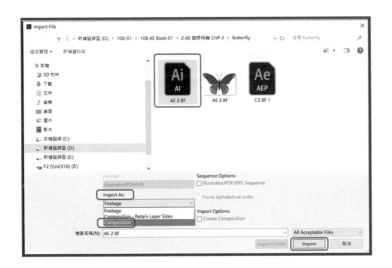

 3. 在 After Effects 的 Project 視窗中，多了一個合成檔，檔名為 AE 2
BF，以及多了一個資料夾 AE 2 BF Layers，資料夾內有三個圖層，即蝴蝶
身體（Body）、左邊翅膀（L_Wing）及右邊翅膀（R_Wing）。

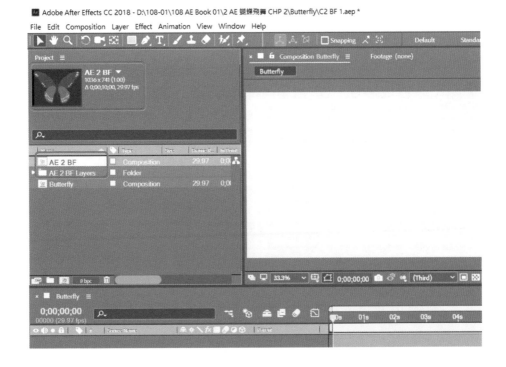

4. 在 Project 視窗中的合成檔 AE 2 BF 用滑鼠連按兩下，在 Composition 視窗中顯示蝴蝶圖案，並且在 Timeline（時間軸）中顯示三個圖層，分別為蝴蝶身體（Body）、左邊翅膀（L_Wing）及右邊翅膀（R_Wing）。

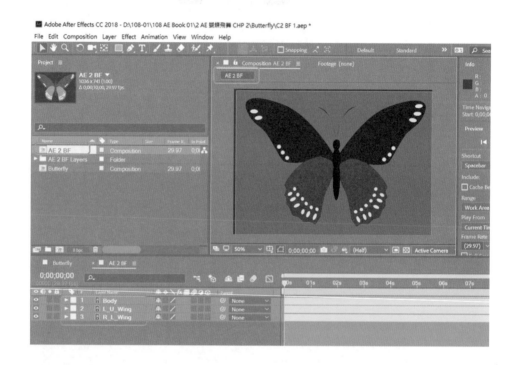

5. 在 Composition 視窗中背景為黑色，和蝴蝶的身體顏色相近，以致看不清楚，我們可以在工具列中的 Composition 選單中，選用 Composition Setting 修改背景顏色（Background Color）。

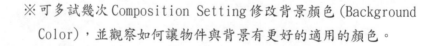
※可多試幾次 Composition Setting 修改背景顏色（Background Color），並觀察如何讓物件與背景有更好的適用的顏色。

2-3 身體與翅膀做父子關係

 1. **圖層 Parent（父子關係）：** 在 Timeline（時間軸）中同時選取左邊翅膀（L_Wing）及右邊翅膀（R_Wing）圖層，點按 Parent（父子關聯）下之螺旋圖案拖拉至第一圖層蝴蝶身體（Body）後放開，則左邊翅膀（L_Wing）及右邊翅膀（R_Wing）圖層之 Parent 下拉選單顯示已連結至身體（Body）圖層。

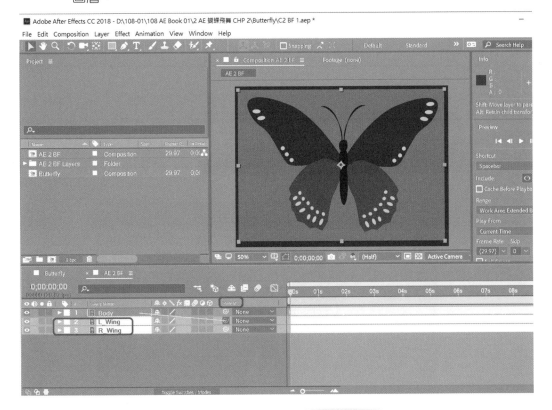

 將左邊翅膀及右邊翅膀圖層與身體做 Parent（父子關聯）後，只要放大或縮小第一圖層的身體（Body），則左右翅膀的圖層也會跟著一起放大或縮小，可節省許多製作時間。

 2. 將 2D 的圖形變為 3D 圖形：點選 Timeline（時間軸）中身體（Body）、左
邊翅膀（L_Wing）及右邊翅膀（R_Wing）圖層右邊的正立方體圖案，點選
後原本 2D 的圖形即可變為 3D 圖形。

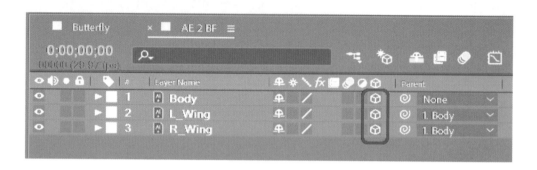

 3. **調整錨點中心位置：** 選取 Timeline（時間軸）中右邊翅膀（R_Wing）圖層，
即可在 Composition 視窗中右邊翅膀（R_Wing）的錨點未在蝴蝶的正中心
位置，應將右邊翅膀的錨點移至蝴蝶身體的中心位置。

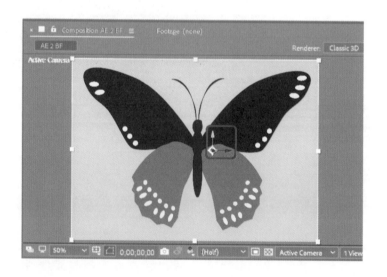

因已將 2D 的圖形變為 3D 圖形，所以在右邊
翅膀的錨點處可看到三個箭頭，紅色 R 表示 X
方向，綠色 G 表示 Y 方向，藍色 B 表示 Z 方向。

4. 使用工具列之錨點工具（Anchor Point Tool），將右邊翅膀（R_Wing）的錨點移至蝴蝶身體的中心位置。接著，同時也將左邊翅膀（L_Wing）及身體（Body）的錨點移至蝴蝶身體的中心位置。

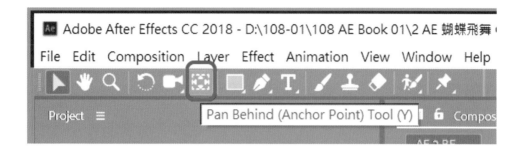

 5. 移動錨點位置時，可將 Composition 視窗放大，如下圖左下角地方選用 200 倍，如此比較能精確地調整錨點位置。

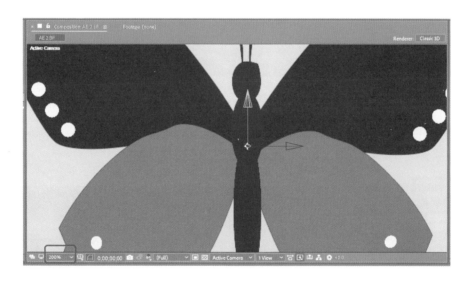

到目前為止，你都做得很好，一步一步來，你會更順手！

2-4　製作蝴蝶翅膀旋轉動作

1. 製作蝴蝶翅膀旋轉角度： 點選 Timeline （時間軸）視窗中第 3 圖層右邊翅膀 （R_Wing）之左方箭頭及下拉選項 Transform （轉變）之左方箭頭，點選 Y Rotation （Y 旋轉角度）選項左方之碼錶 （關鍵影格設定），此時開始的時間設定在 0;00;00;00 位置，Timeline （時間軸）軌道上出現一菱形圖案，即在 0 秒 0 影格時，並設定 Y Rotation （Y 旋轉角度）為 -10 度。

2. 在 Composition 視窗中可看見右邊翅膀（R_Wing）對著錨點 Y 軸旋轉 -10 度。

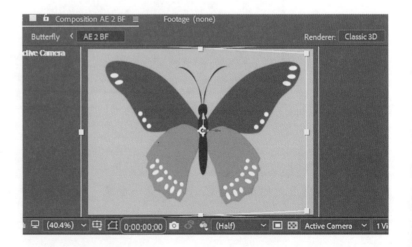

3. 將 Timeline 的時間設定在 0;00;00;05 位置（第 5 影格），點選 Y
   Rotation 選項左方之碼錶（關鍵影格設定），Timeline（時間軸）軌道
   上出現第 2 個菱形圖案，並將 Y Rotation 旋轉角度設定為 75 度。

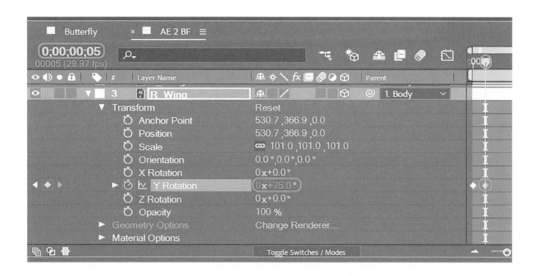

4. 此時在 Composition 視窗中可看見右邊翅膀（R_Wing）已對著錨點 Y 軸
   旋轉 75 度。

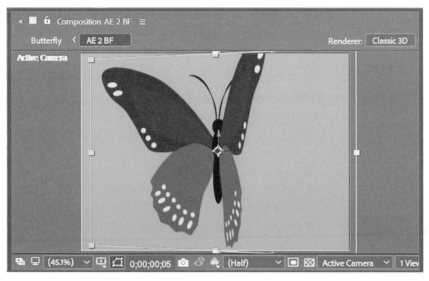

錨點與 X 和 Y 軸是
決定角度的重要因
素，可多嘗試幾
次，找到你喜歡的
數據。

2-5　製作右邊翅膀連續持續旋轉動作

 1. 製作右邊翅膀連續持續旋轉動作：按住鍵盤 Alt 鍵不放，同時點選 Y Rotation 選項左方之碼錶，此時右邊翅膀（R_Wing）Y Rotation 選項下方會顯示一列程式表示式（Expression），點選右方白色圓圈內有黑色三角箭頭的圖案。

 2. 在跳出之表單選項中選擇 Property（屬性）loopOutDuration(type = "cycle", duration = 0)，表示動作持續循環。

> 設定此程式後，我們就不需要反覆設定或複製貼上此翅膀拍動之關鍵影格，而且翅膀拍動動作的時間可以一直持續下去，對於動畫設計者節省不少製作時間。

Global	>	temporalWiggle(freq, amp, octaves = 1, amp_mult = .5, t = time)
Vector Math	>	smooth(width = .2, samples = 5, t = time)
Random Numbers	>	loopIn(type = "cycle", numKeyframes = 0)
Interpolation	>	loopOut(type = "cycle", numKeyframes = 0)
Color Conversion	>	loopInDuration(type = "cycle", duration = 0)
Other Math	>	loopOutDuration(type = "cycle", duration = 0)
JavaScript Math	>	key(index)
Comp	>	key(markerName)
Footage	>	nearestKey(t)
Layer	>	numKeys
Camera	>	name
Light	>	active
Effect	>	enabled
Path Property	>	propertyGroup(countUp = 1)
Property	>	propertyIndex
Key	>	
MarkerKey	>	

3. 點按 Play 鍵後,雖然第 5 影格之後沒有設定關鍵影格,但右邊翅膀 (R_Wing) 仍然可以在 Y 軸旋轉方向做 -10 度至 75 度之間來回拍動。下圖顯示當時間跑到 02;19 (2 秒 19 影格)時,右邊翅膀 (R_Wing)在 Y 軸旋轉方向已旋轉至 58 度。

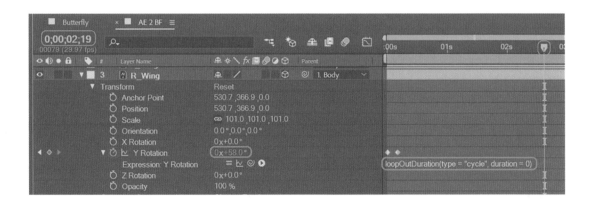

是否已搞清楚如何 " 設定關鍵影格 "? 繼續加油!

 4. 在 Composition 視窗中的右邊翅膀（R_Wing）對著錨點 Y 軸旋轉 58 度。

2-6 製作左邊翅膀連續持續旋轉動作

 1. 繼續製作左邊翅膀連續旋轉動作：重覆 2-4 章節之製作步驟製作右邊翅膀連續持續旋轉動作。

 2. 點選 Timeline（時間軸）視窗中第 2 圖層左邊翅膀（L_Wing）之左方箭頭及下拉選項 Transform（轉變）之左方箭頭，點選 Y Rotation 選項左方之碼錶，開始的時間設定在 0;00;00;00 位置，Timeline（時間軸）軌道上出現一菱形圖案，並設定 Y Rotation 旋轉角度為 10 度。需要注意正負旋轉方向，左邊翅膀旋轉方向與右邊翅膀旋轉方向相反。

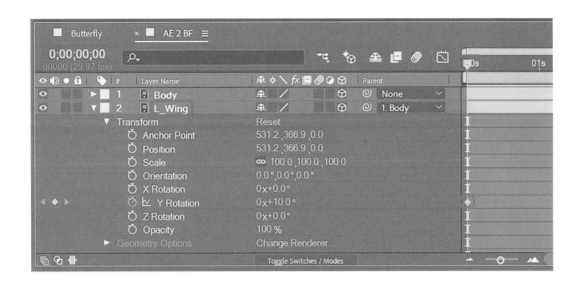

 3. 此時在 Composition 視窗中可看見左邊翅膀（L_Wing）已對著錨點 Y 軸旋轉 10 度。

翅膀拍動動作的時間設定先已所給的數據輸入，也可試試不同數據，看看差異在哪裡。

 4. 將 Timeline 的時間設定在 0;00;00;05 位置（第 5 影格），點選左邊翅膀 (L_Wing) 圖層下 Y Rotation (Y 旋轉角度) 選項左方之碼錶 (關鍵影格設定)，Timeline (時間軸) 軌道上出現第二個菱形圖案，並將 Y Rotation 旋轉角度設定為 -75 度。

 5. 當 Timeline 時間為 0;00;00;05 位置（第 5 影格）時，在 Composition 視窗中可看見左邊翅膀與右邊翅膀的拍動已同步，左邊翅膀 (L_Wing) 圖層 Y Rotation 旋轉角度為 -75 度，右邊翅膀 (R_Wing) 圖層 Y Rotation 旋轉角度為 75 度。

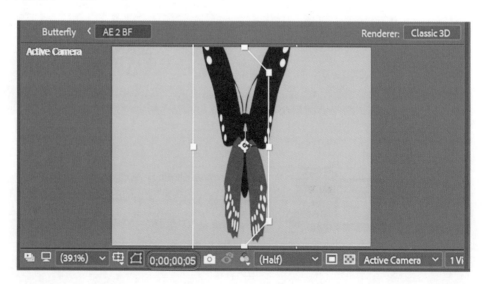

6. 重覆 2-5 章節之製作步驟製作右邊翅膀連續持續旋轉動作。

 7. 按住鍵盤 Alt 鍵不放，同時點選 Y Rotation 選項左方之碼錶，此時右邊翅膀（R_Wing）Y Rotation 選項下方會顯示一列程式表示式（Expression），點選右方白色圓圈內有黑色三角箭頭的圖案，在跳出之表單中的選項選擇 Property（屬性）→ loopOutDuration(type = "cycle", duration = 0)，表示動作持續循環。

 8. 在 Timeline（時間軸）視窗中同時選取第 2 圖層左邊翅膀（L_Wing）及第 3 圖層右邊翅膀（R_Wing）後，點按鍵盤 U 鍵，可捲起圖層下方選單，再點按鍵盤 U 鍵時，則只會顯示有設定關鍵影格的 Y Rotation 選項，如此可以簡化顯示畫面，並在設定動畫動作時較能一目了然。

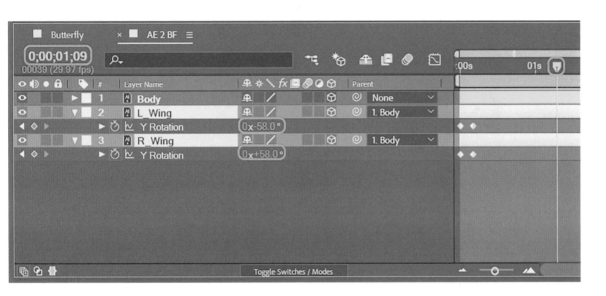

 熟悉圖層的使用與對應的圖層命名很重要，當東西愈來愈多樣與複雜時，清楚的標示將有助於日後的作業速度！

 9. 當 Timeline 時間為 0;00;01;09 位置（第 1 秒第 9 影格）時，在 Composition 視窗中可看見左邊翅膀（L_Wing）圖層 Y Rotation 旋轉角度為 -58 度，右邊翅膀（R_Wing）圖層 Y Rotation 旋轉角度為 58 度。

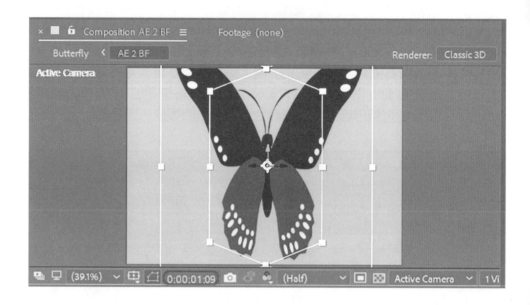

2-7 設定蝴蝶飛舞路徑之前置作業

 1. 點選 Timeline 視窗上面最左邊之 Butterfly 合成檔，在 Composition 視窗中顯示 Butterfly 合成檔，接著將 Project 視窗中 AE 2 BF 合成檔拖拉至 Timeline 視窗中，此時 Composition 視窗中會顯示之已設定完成之蝴蝶。

對於翅膀拍動之關鍵影格，是否更了解了？可以多嘗試幾次喔！
接下來是飛行路徑的設定，你的蝴蝶快可以飛起來囉！

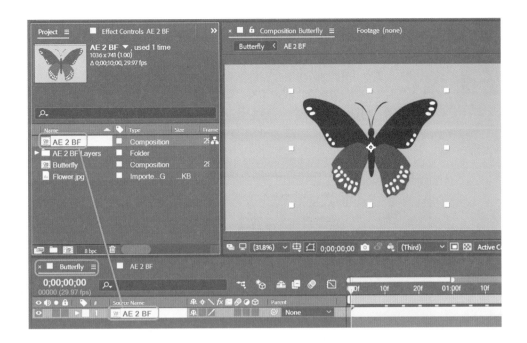

 2. 點選工具列 File → Import → File，匯入風景圖片 Flower.jpg 檔案。

 3. 接著將 Project 視窗中已匯入的 Flower.jpg 檔案拖拉至 Timeline 視窗中，
　　此時 Composition 視窗中會顯示 Flower.jpg 檔案之背景風景。

4. 但因 Flower 風景圖案之尺寸大小比我們設定之 Composition 視窗還小，
其大小為 1600 px x 900 px，我們可以點選 Composition 視窗中 Flower
風景圖案，按滑鼠右鍵，在跳出之表單中選用 Transform → Fit to Comp
（符合 Composition 視窗之大小）。

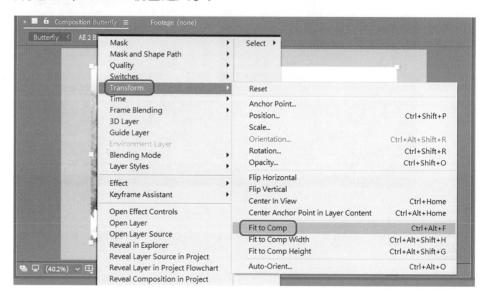

5. 在 Composition 視窗中可以看見 Flower 風景圖案之尺寸大小立即符合我
們所設定之 Composition 視窗大小。

6. 點選 Timeline（時間軸）中 AE 2 BF 合成檔圖層右邊的正立方體圖案，點選後原本 2D（x，y）的圖形即可變為 3D（x，y，z）圖形。此 3D Layer（3D 圖層）允許我們針對圖層在 3 軸方向做調整控制。

 7. 點選 Timeline 中 AE 2 BF 合成檔圖層右邊的合成瓦解轉換（如下圖紅色框內），此功能可協助我們在設定及調整關鍵影格時，可在 Composition 視窗中看到蝴蝶的 3D 立體方位的變化。

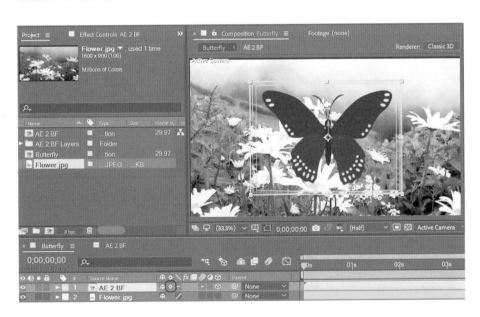

2-8 設定蝴蝶飛舞之路徑及方向

 1. 點選 Timeline 中 AE 2 BF 合成檔圖層之箭頭,並點按 Transform 下之 Position(位置), Scale(大小)及 Orientation(方位或角度)選項左 方之碼錶(關鍵影格設定),時間設定在 0;00;00;00 位置。

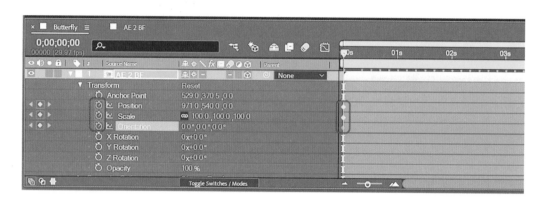

 2. 在 AE 2 BF 合成檔圖層(蝴蝶),點按鍵盤 U 鍵,可捲起圖層下方所有 選單,再點按鍵盤 U 鍵時,則只會顯示有設定關鍵影格的 Position(位 置), Scale(大小)及 Orientation(方位或角度)選項。我們也把 Composition 視窗中顯示的圖案大小縮小至 25 %,以便調整蝴蝶之動作及 進出畫面。

3. 在 Time 為 0;00;00;00（0 秒 0 影格）時蝴蝶之 Position（位置），
Scale（大小）及 Orientation（方位或角度）如下表所示：

Time: 0;00;00;00（0 秒 0 影格）

Transform	X(u)	Y(v)	Z(w)
Position	2085.0	-5.0	0.0
Scale	90.0 %	90.0 %	90.0 %
Orientation	294.0	352.0	255.0

*Position: 蝴蝶之位置如下圖所示，在 Composition 視窗中的
右上方，在顯示畫面之外面，其(X, Y, Z)位置之數值如表所示。
*Scale: 蝴蝶之大小縮小為 90 %。
*Orientation: 蝴蝶之方位或角度之數值如表所示。

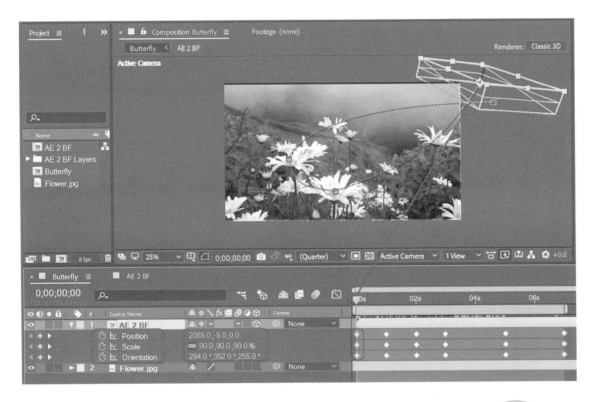

更多嘗試與理解 Position、Composition 中其 (X, Y, Z) 位置之
數值、Scale、Orientation-蝴蝶之方位或角度之數值之間的關係，
將有助於動態與路徑的設定。

4. 在 Time 為 0;00;01;00（1秒0影格）時蝴蝶之 Position（位置）, Scale（大小）及 Orientation（方位或角度）如下表所示：

Time: 0;00;01;00（1秒0影格）

Transform	X(u)	Y(v)	Z(w)
Position	889.0	840.0	0.0
Scale	70.0 %	70.0 %	70.0 %
Orientation	296.8	352.6	283.1

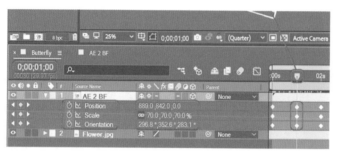

*Position: 蝴蝶之位置如下圖所示，在 Composition 視窗中的下方，其 (X, Y, Z) 位置之數值如表所示。
*Scale: 蝴蝶之大小縮小為70 %。
*Orientation: 蝴蝶之方位或角度之數值如表所示。

5. 在 Time 為 0;00;02;00（2秒0影格）時蝴蝶之 Position（位置）, Scale（大小）及 Orientation（方位或角度）如下表所示：

Time: 0;00;02;00（2秒0影格）

Transform	X(u)	Y(v)	Z(w)
Position	889.0	842.0	0.0
Scale	70.0 %	70.0 %	70.0 %
Orientation	298.9	354.4	293.2

*Position: 蝴蝶之位置如下圖所示，在 Composition 視窗中的下方，其 (X, Y, Z) 位置之數值如表所示。設定蝴蝶停留在此花朵為一秒鐘，因此位置不作改變。
*Scale: 蝴蝶之大小縮小為 70 %。
*Orientation: 蝴蝶之方位或角度稍微作一些調整，其數值如表所示。

6. 在 Time 為 0;00;03;00（3 秒 0 影格）時蝴蝶之 Position（位置），
Scale（大小）及 Orientation（方位或角度）如下表所示：

Time: 0;00;03;00（3 秒 0 影格）

Transform	X(u)	Y(v)	Z(w)
Position	513.0	586.0	0.0
Scale	60.0 %	60.0 %	60.0 %
Orientation	300.0	357.0	339.0

*Position: 蝴蝶之位置如下圖所示，在 Composition 視窗中的左方，其
(X, Y, Z) 位置之數值如表所示。設定蝴蝶飛至另一花朵的時間為一秒鐘。
*Scale: 蝴蝶之大小縮小為 60 %。
*Orientation: 蝴蝶之方位或角度也稍微作一些調整，其數值如表所示。

 7. 在 Time 為 0;00;05;00（5 秒 0 影格）時蝴蝶之 Position（位置），Scale
（大小）及 Orientation（方位或角度）如下表所示：

Time: 0;00;05;00（5 秒 0 影格）

Transform	X(u)	Y(v)	Z(w)
Position	513.0	586.0	0.0
Scale	60.0 %	60.0 %	60.0 %
Orientation	300.0	357.0	22.0

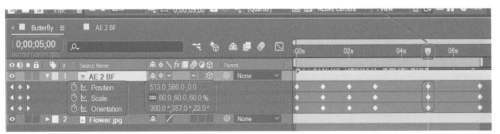

*Position: 蝴蝶之位置如下圖所示，在 Composition 視窗中的左方，其 (X, Y, Z)
位置之數值如表所示。設定蝴蝶停留在此花朵為 2 秒鐘，因此位置不作改變。
*Scale: 蝴蝶之大小縮小為 60 %。
*Orientation: 蝴蝶之方位或角度作較大之旋轉調整，其數值如表所示。

 8. 在Time為0;00;07;00（7秒0影格）時蝴蝶之Position（位置），Scale（大小）及Orientation（方位或角度）如下表所示：

Time: 0;00;07;00（7秒0影格）

Transform	X(u)	Y(v)	Z(w)
Position	219.0	150.0	0.0
Scale	10.0 %	10.0 %	10.0 %
Orientation	301.0	6.0	90.4

*Position: 蝴蝶之位置如下圖所示，在Composition視窗中的右上，已飛出畫面，其（X，Y，Z）位置之數值如表所示。設定蝴蝶飛行時間為2秒鐘。
*Scale: 蝴蝶之大小縮小為10%，表示蝴蝶已飛遠。
*Orientation: 蝴蝶之方位或角度作較大之旋轉調整，其數值如表所示。

 從2D轉變為3D，要設定的除了X、Y還有Z，還有時間軸的應用，多做幾次可更了解設定數值所帶來的效果。

2-9 修飾圓滑蝴蝶飛舞之路徑

1. 點選 Timeline 視窗中 AE 2 BF 合成檔圖層下之 Position，在時間軸畫面中所有菱形之關鍵影格顯示藍色（表已選取狀態）。

2. 點按下圖中之圖形編輯器（Graph Editor），紅色曲線表示X位置（蝴蝶）隨時間而改變，綠色曲線表示Y位置隨時間而改變，藍色線段表示Z位置隨時間而改變，目前Z位置並未作任何改變。由右圖中可發現，所有曲線在關鍵影格位置附近之變化比較不圓滑，蝴蝶在飛行過程中較不自然。

3. 因此，我們點選 Timeline 視窗中 AE 2 BF 合成檔圖層下之 Position 後，使用滑鼠右鍵，在跳出之選單中選用Keyframe Assistant（關鍵影格助理）→ Easy Ease（漸入漸出）。

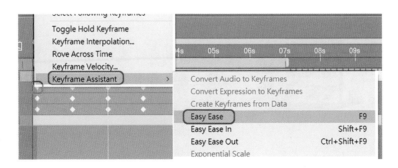

 4. 然後在點按下圖中之圖形編輯器（Graph Editor），可發現所有曲線在關鍵影格位置附近之變化就變得比較圓滑，蝴蝶在飛行過程中較為自然。

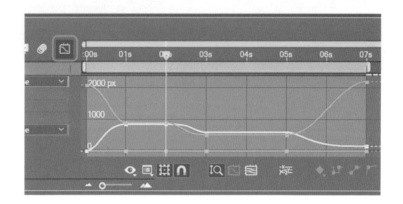

 5. 重覆前面之步驟，繼續修改 Scale 及 Orientation，使用滑鼠右鍵，在跳出之選單中選用 Keyframe Assistant（關鍵影格助理）→ Easy Ease（漸入漸出）。如下圖所示，所有的關鍵影格都已設定完成後，關鍵影格之標記由菱形轉變為 x 形圖案。

 多使用圖形編輯器（Graph Editor）來檢視效果，再依喜好使用 Keyframe Assistant（關鍵影格助理），能使效果更自然。

2-10. 輸出影片檔

1. 滑鼠移至 Timeline 視窗時間軸上方藍色線段，即工作區結束端 (Work Area End)，將此藍色線段往左拖拉至 7 秒位置，當我們輸出影片檔時，只存取 7 秒的 Butterfly 合成檔影片。

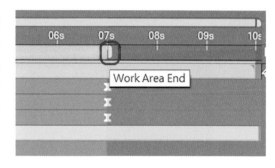

2. 在工作區 (Work Area) 上點按滑鼠右鍵。

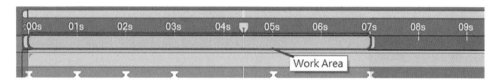

3. 在跳出的選單中選用 Trim Comp to Work Area（修剪合成檔至設定之工作區）。

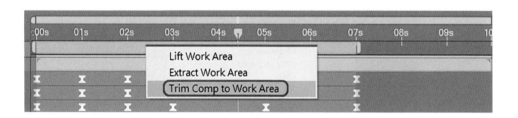

4. 完成後，如下圖所示。雖然一開始設定的 Composition 為 10 秒鐘，但我們所製作的蝴蝶動作只需要 7 秒鐘。

 5. 選擇工具列 Composition → Add to Render Queue。

 6. 點按 Output Module 右側之 Lossless → Format 右方之箭頭，可選用檔案類型，此處我們選用 QuickTime → OK。

 7. 點按 Output To 右側之 Not yet specified，在跳出之資料夾中輸入檔名 Butterfly 01 後，點按存檔。

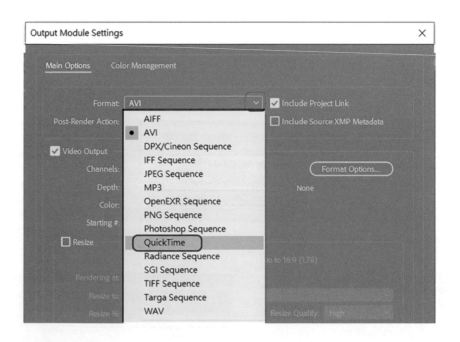

8. 點按下圖右方之 Render （算圖 / 轉碼）。

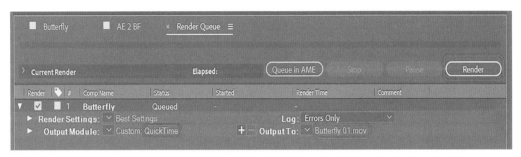

 9. Render 進行中，會顯示藍色線條及進行之時間。

 10. Render 完成後，在資料夾中會多出 QuickTime 影片檔 :Butterfly 01，
點按此影片檔，如下圖所示為蝴蝶飛舞之動畫影片。

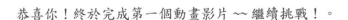
恭喜你！終於完成第一個動畫影片 ～～ 繼續挑戰！。

1. **製作 3 至 5 隻蝴蝶飛舞的動畫動作。**

   在 Project 中多多複製已製作好之蝴蝶合成檔,並將這些合成檔拉至新建立的合成檔。

2. **改變這 3 至 5 隻蝴蝶的顏色。**

   在蝴蝶合成檔中加入顏色特效,以改變蝴蝶的顏色。

3. **蝴蝶快速拍動翅膀時加上動態模糊及光暈。**

   在蝴蝶合成檔中加入模糊及光暈特效,以增加蝴蝶翅膀光暈及翅膀拍動的模糊程度。

第3堂課

時鐘轉動動畫

時針、分針套用 AE 特效帶你回到過去或未來。

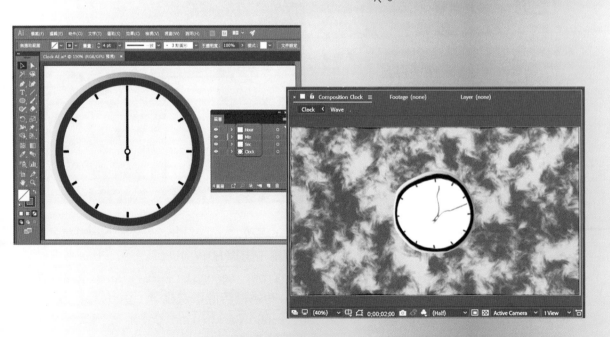

時鐘轉動動畫

鐘錶指針的轉動在補間動畫的製作上較簡單,因只要在幾分鐘內繪製幾張秒針之連續圖案即可。然而在表達不同意境時,鐘錶指針的轉動就可以有一些不一樣變化,例如:回到過去的時間、未來的時間、扭曲的時間或是某一心動的時間等等,在補間動畫上就需要花不少的功夫了。

在 Adobe After Effects 特效合成的軟體中,提供鐘錶指針的尺寸、旋轉快慢變化、關鍵影格、父子關係及其他許許多多的特效等等,就可以輕易編輯製作出不同時間意境的表達大方式。

3-1 建立時鐘合成檔案

 1. 開啟 After Effects CC 後點選 New Composition (新合成), 跳出 Composition Settings (合成設定)視窗。

 2. 在 Composition Settings 視窗中,修改 Composition Name (合成檔名): Clock,Preset (預設)的下拉選單中選擇 HDTV 1080 29.97,Frame Rate (影格速率): 29.97 fps (frames per second),即每秒 29.97 影格,點選旁邊之箭頭後會顯示下拉選單,有各種數值可供挑選,由 8 fps 至 120 fps,Duration 設定 10 秒 0;00;10;00,Background Color (背景顏色): R180: G180: B100,設定完成後點按 OK 按鈕。

3-2 匯入檔案

1. 點選工具列 File → Import → File，匯入檔案。

2. 點選檔名:Clock AE 之 Ai 檔案，Import As 選用 Composition（合成），然後點選 Import 按鈕。

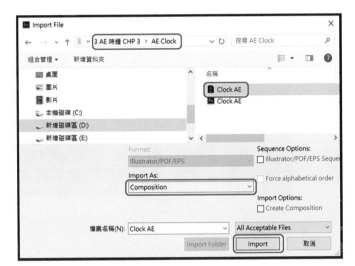

Import As 選用 Composition（合成）是希望能保留原有在 Ai 製作時鐘的 4 個圖層，分別為時針（Hour）、分針（Min）、秒針（Sec）及時鐘（Clock），以便在 After Effects 軟體中可分別對不同圖層做動作。

3. 在 After Effects 的 Project 視窗中，多了一個合成檔，檔名為 Clock AE，以及多了一個資料夾 Clock AE Layers，資料夾內有 4 個圖層，即時針（Hour）、分針（Min）、秒針（Sec）及時鐘（Clock）。

4. 在 Project 視窗中的合成檔 Clock AE 用滑鼠連按兩下，在 Composition 視窗中顯示時鐘圖案，並且在 Timeline（時間軸）中顯示 4 個圖層，分別為時針（Hour）、分針（Min）、秒針（Sec）及時鐘（Clock）。

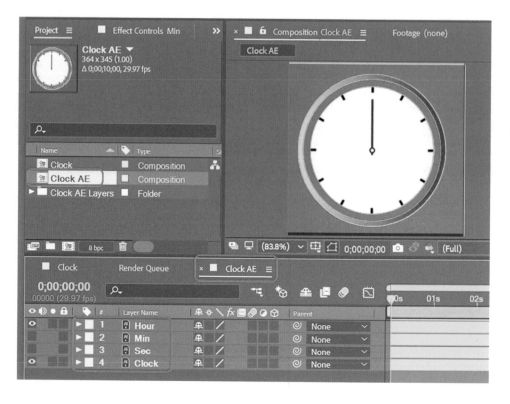

3-3 製作時鐘轉動動作

 1. 調整錨點中心位置：選取
Timeline（時間軸）中時針
（Hour）圖層，並將Composition
視窗放大至 800 %，以便將錨
點精準對位至時針（Hour）圖層
的中心，以免時針轉動時，造
成偏心，使用工具列之錨點工
具（Anchor Point Tool），將
時針（Hour）的錨點移至時鐘
（Clock）的中心位置。接著，也
將分針（Min）、秒針（Sec）及時
鐘（Clock）的錨點移至時鐘的
中心位置。

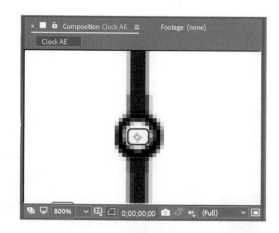

2. 製作分針 (Min) 旋轉動作： 點選 Timeline （時間軸）視窗中第 2 圖層分針 (Min) 之左方箭頭及下拉選項 Transform （轉變）之左方箭頭，點選 Rotation （旋轉角度）選項左方之碼錶 （關鍵影格設定），此時開始的時間設定在 0;00;00;00 位置，Timeline （時間軸）軌道上出現一菱形圖案，即在 0 秒 0 影格時，設定 Rotation 旋轉角度為 0 度。將 Timeline （時間軸）上方的時間指示針 （Indicator）移至最右側，即時間設定在 0;00;10;00 位置，並點按 Rotation （旋轉角度）選項左方之碼錶，Timeline （時間軸）軌道上出現一菱形圖案，即在 10 秒 0 影格時，設定 Rotation 旋轉角度為 360 度 （1x+0.0 度）。

 3. 製作分針與時針的連結關係： 點選 Timeline （時間軸）視窗中第 1 圖層時針 (Hour) 圖層之左方箭頭及下拉選項 Transform （轉變）之左方箭頭，也可使用快捷鍵 R，點選時針 (Hour) 圖層後，點按鍵盤 R，即可跳出單一轉變之變數 Rotation，再點按鍵盤 R，即可收回 Rotation 變數列。按住鍵盤 Alt 鍵不放，同時點選 Rotation 選項左方之碼錶，此時 Rotation 選項下方會顯示一列程式表示式 （Expression: Rotation）。

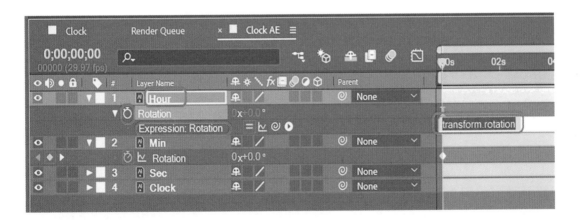

 4. **製作程式連結：** 接著點選表示式 Expression: Rotation 選項右方之程式
選取鞭（Expression pick whip）按住不放，並拖拉至分針（Min）圖層下
方之 Rotation 變數選項之後，放開滑鼠按鍵，此時在時針（Hour）圖層下
之 Expression: Rotation 的 Timeline（時間軸）之程式表示式自動顯示
出下列程式：

$$\text{thisComp.layer("Min").transform.rotation}$$

意思：此時針（Hour）圖層的旋轉受到分針（Min）圖層旋轉的控制，即分針旋轉 30 度，
時針也跟著旋轉 30 度。但真正時鐘的相對關係應是分針旋轉 360 度，時針才旋轉 30 度
而已，因此，我們需要在程式的最右方乘上（30/360 = 1/12），其程式如下所示：

$$\text{thisComp.layer("Min").transform.rotation*(1/12)}$$

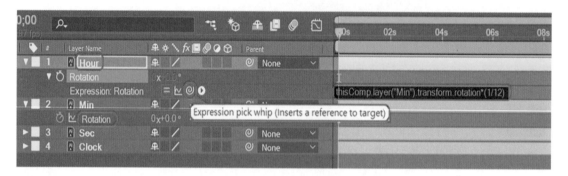

 5. 製作秒針與分針的連結關係：點選 Timeline（時間軸）視窗中第 3 圖
層秒針（Sec）圖層之左方箭頭及下拉選項 Transform（轉變）之左方箭
頭，即可跳出單一轉變之變數 Rotation，按住鍵盤 Alt 鍵不放，同時點選
Rotation 選項左方之碼錶，此時 Rotation 選項下方會顯示一列程式表示
式（Expression: Rotation）。

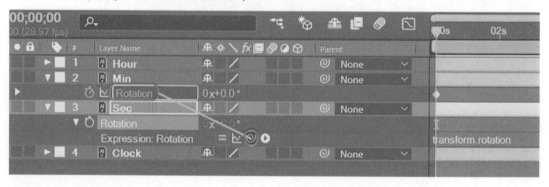

6. 製作程式連結：接著點選表示式 Expression: Rotation 選項右方之程式
選取鞭（Expression pick whip）按住不放，並拖拉至分針（Min）圖層下
方之 Rotation 變數選項之後，放開滑鼠按鍵，此時在秒針（Sec）圖層下
之 Expression: Rotation 的 Timeline（時間軸）之程式表示式自動顯示
出下列程式：

$$\text{thisComp.layer("Min").transform.rotation}$$

意思：此秒針（Sec）圖層的旋轉受到分針（Min）圖層旋轉的控制，即分
針旋轉 30 度，秒針也跟著旋轉 30 度。然而真正時鐘的相對關係應是分針
旋轉 30 度，即 5 分鐘時，秒針也跟著旋轉 5 x 360 度，即 1800 秒，旋
轉 5 圈。因此，我們需要在程式的最右方乘上 60，其程式如下所示：

$$\text{thisComp.layer("Min").transform.rotation*60}$$

 7. 此時在 Composition
視窗中可看見時針
（Hour）、分針（Min）
及秒針（Sec）之旋轉
角度，Timeline 的時
間在 0;00;00;25 位
置（第 25 影格），如
右圖所示。

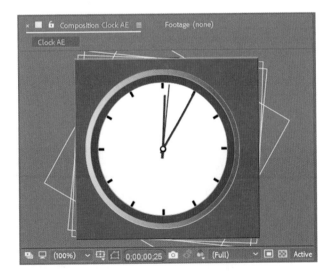

8. 為了能看出時針（Hour）、分針（Min）及秒針（Sec）之相對旋轉關係，我們在設定時把時鐘加快了，即分針（Min）走到 Timeline 所設定的 10 秒時，已走了一圈 60 分鐘了，而時針（Hour）已指在 1 小時位置。

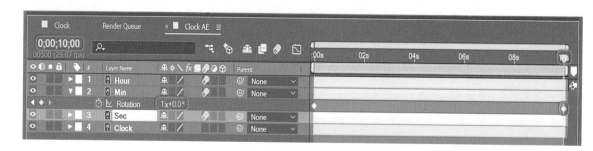

9. 如右圖所示在 Timeline 的時間在 0;00;10;00 位置（第 10 秒 0 影格），時鐘顯示 1 小時 0 分 0 秒。在動畫製作中可以表達時間飛逝，或是已經過了 3 個月或 3 年的時間。

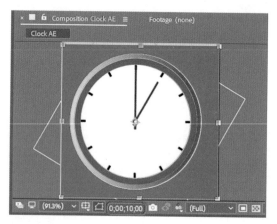

10. **增加動作模糊：** 點選 Timeline（時間軸）視窗中時針（Hour）、分針（Min）及秒針（Sec）圖層右方之動作模糊（Motion Blur），並點選 Timeline（時間軸）視窗中上方的啟用所有設定動作模糊之圖層（Enables Motion Blur）。在 Composition 視窗中可清楚看見時針（Hour）及分針（Min），但秒針（Sec）旋轉太快已呈現模糊狀態。

3-4 製作時鐘意境

 1. 製作波動特效：點選Composition → New Composition → 輸入檔名:Wave。Preset（預設）下拉選單中選擇HDTV 1080 29.97，Frame Rate：29.97，Duration:0;00;10;00（10秒），Background Color：R0: G150: B255，設定完成後點按OK按鈕。

 2. 在工具列上快速點兩下矩形工具（Rectangle Tool）在Composition Settings視窗中顯示矩形圖形。

 3. 點選工具列Effect（特效）→Simulation（模擬）→Wave World特效。

 4. 在Effect Controls（特效控制）面板中，修改Wave World下View為Wireframe Preview（線框預覽），如此在調整變數的過程中較能看清楚波動情形。

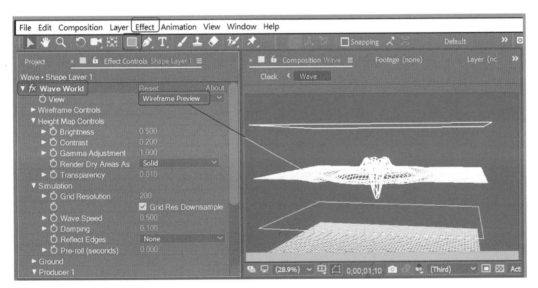

 5. 修改Wave World特效之變數：

▶ Height Map Controls:Brightness = 0.50; Contrast = 0.20。
▶ Simulation:Grid Resolution =200。
▶ Producer 1:Height/Length = 0.05; Width = 0.05。
▶ Producer 1:Amplitude = 0.55; Frequency = 1.50。
修改變數後，將Wave World下的View改為Height Map（等高線圖）。

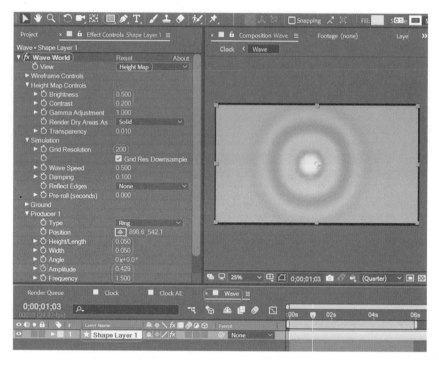

 6. 設定波動振幅開始及結束時之大小及透明度。點選 Wave World Producer 1: Amplitude（振幅）前的碼錶，設定關鍵影格。

 7. 點選 Time line 視窗中 Shape Layer 1 圖層下的 Transform Opacity（透明度）前的碼錶，設定關鍵影格。

 8. 在 Timeline 中設定不同時間點之 Amplitude（振幅）及 Opacity（透明度）：

Transform	0;00;00;00	0;00;04;00	0;00;05;00
Amplitude	0.550	--	0.000
Opacity	100 %	100.0 %	0 %

3-5 製作動態扭曲模擬背景特效

1. 點選 Composition → New Composition → 輸入檔名 :Water。Preset（預設）下拉選單中選擇 HDTV 1080 29.97，Frame Rate ： 29.97，Duration:0;00;10;00 （10 秒），Background Color(背景顏色): R0: G150: B255 （水藍色），設定完成後點按 OK 按鈕。

2. 在工具列上快速點兩下矩形工具 (Rectangle Tool)，在 Composition Settings 視窗中會顯示出矩形圖形，在 Timeline 時間軸中會自動顯示 Shape Layer 1 合成檔。

3. 在 Timeline 時間軸中的 Water 合成檔下，將另一合成檔 Clock AE 拖拉至時間軸中的第一層，如下圖所示。

盡快熟悉關於 Amplitude （振幅）及 Opacity （透明度）的操作！

4. 加入及修改 Fractal Noise 特效之變數 (Effect → Noise & Grain → Fractal Noise)，選取 Shape Layer 1 合成檔，再點選 Effect Controls 面板。

▶ Fractal Type:Dynamic Twist（動態扭曲）。

▶ Noise Type:Soft Linear。

▶ Contrast = 300; Brightness = 0。

▶ 點選 Evolution（演化）前的碼錶，設定關鍵影格。

▶ Blending Modes（混合模式）: 設定 Overlay（覆蓋）。

5. 在 Timeline 時間軸中的 Water 合成檔下，點選第 2 圖層 Shape Layer 1 合成檔前之三角箭頭，使用快捷鍵 U，跳出之前已點選的關鍵影格設定之變數 Evolution（演化）。

6. 按住鍵盤 Alt 鍵不放，同時點選 Evolution 選項左方之碼錶，此時下方會顯示一列程式表示式（Expression），在右方的程式輸入欄內輸入 time * 120，隨著時間加快 120 倍的進行時，Evolution（演化）的角度也跟著改變。

7. 在 Timeline 時間軸中的 Water 合成檔下，點選第 1 圖層 Clock AE 合成檔。點選工具列 Effect（特效）→Distort（扭曲）→Turbulent Displace（渦泫位移）特效。

8. 再點選工具列 Effect（特效）加入另一特效→ Blur & Sharpen（模糊和銳化）→ Gaussian Blur（高斯模糊）特效。

9. 在 Effect Controls（特效控制）面板中，可發現 Turbulent Displace（渦泫位移）特效及 Gaussian Blur（高斯模糊）特效已加入 Clock AE 合成檔中。

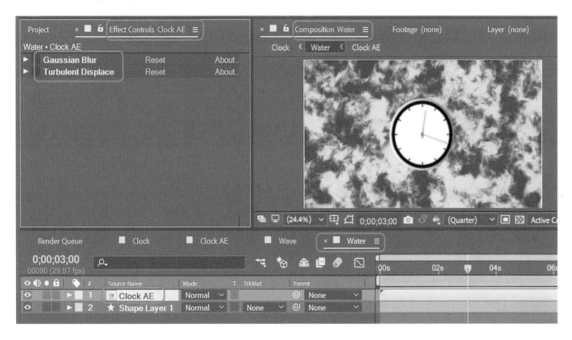

10. 在 Effect Controls（特效控制）面板中，修改 Gaussian Blur 下之 Blurriness（模糊量）為 20，點選 Evolution 選項左方之碼錶，設定此變數之關鍵影格。

11. 修改 Turbulent Displace 下之 Displacement（位移型態）為 Turbulent，修改 Amount（數量）為 30，Size（尺寸大小）為 70。

12. 點選 Turbulent Displace 下之 Evolution 選項左方之碼錶，設定此變數之關鍵影格。

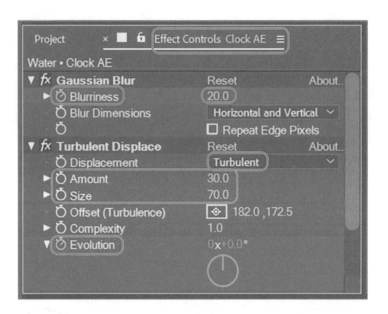

13. 在Timeline時間軸中的Water合成檔下，點選第1圖層Clock AE合成檔，將Timeline的時間設定在0;00;00;00位置。

14. 點選第1圖層Clock AE合成檔前之三角箭頭，再點選Transform前之三角箭頭，點選Scale、Rotation、Opacity前之碼錶，設定之數值如下表。

15. 點選Effects前之三角箭頭，點選Gaussian Blur下之Blurriness（模糊量）前之碼錶，其數量之前已設為20。

16. 按住鍵盤Alt鍵不放，同時點選Turbulent Displace下之Evolution（演化）左方之碼錶，此時下方會顯示一列程式表示式（Expression），在右方的程式輸入欄內輸入time *100，隨著時間加快100倍的進行時，Evolution（演化）的角度也跟著改變。

在Timeline不同的時間下，各種變數之關鍵影格設定及Evolution之變化：

	0;00;00;00	0;00;01;11	0;00;02;00
Gaussian Blur > Blurriness	20	--	0.0
Turbulent Displace > Evolution	0x+0.0	0x+136.8	0x+200.2
Transform > Scale	5 %, 5 %	220 %, 220 %	170 %, 170 %
Transform > Rotation	0x+0.0	--	3x+0.0
Transform > Opacity	20 %	--	100 %

17. Timeline 的時間在 0;00;00;00 位置時，將時鐘 Clock AE 合成檔，先設定為模糊及小尺寸。變數為 Blurriness = 20、Scale = 5 %、Rotation = 0 、Opacity = 20%。

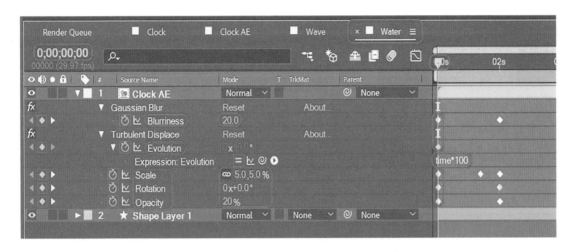

 18. 下圖所示為 Timeline 的時間在 0;00;00;00 位置時，在 Water 合成檔下之 Composition 視窗中所顯示的影像。

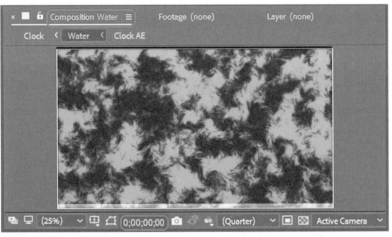

熟悉 Effect Controls（特效控制）面板中的各種功能→Distort（扭曲）→Turbulent Displace（渦流位移）、Displacement（位移型態）、Evolution（演化）可更快進入狀況，加油！

 19. 將 Timeline 的 時 間 設 定 在 0;00;01;11 及 0;00;02;00 位 置。 設 定 Gaussian Blur 下之 Blurriness （模糊量）、Scale、Rotation、Opacity 之數值。

 20. 當 Timeline 的時間來到 0;00;01;11 位置時，特別放大時鐘（Clock AE 合成檔）的 Scale=220 %，增加畫面的動感變化。此時，Turbulent Displace 下之 Evolution （演化）也持續變化中。

 21. 當 Timeline 的時間來到 0;00;02;00 位置時，將時鐘 Clock AE 合成檔，設定為清楚及大尺寸。變數為 Blurriness = 0.0、Scale = 170 %、Rotation = 3x+0.0、Opacity = 100%。

 22. 下圖所示為 Timeline 的時間在 0;00;02;00 位置時，在 Water 合成檔下之 Composition 視窗中所顯示的影像，此時時鐘 Clock AE 合成檔已清楚顯示出來，尺寸也變大了。

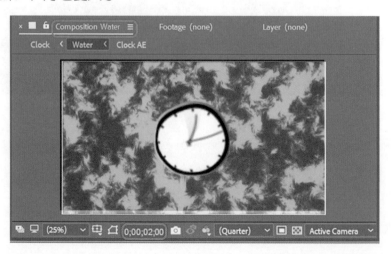

23. 將 Timeline 的時間設定在 0;00;06;09、0;00;06;15 及 0;00;07;00 位置。
設定 Gaussian Blur 下之 Blurriness（模糊量）、Scale、Rotation、
Opacity 之數值。

在 Timeline 後段時間下，各種變數之關鍵影格設定及 Evolution 之變化：

	0;00;06;09	0;00;06;15	0;00;07;00
Gaussian Blur > Blurriness	0.0	142.9	500
Turbulent Displace > Evolution	1x+270.6	1x+290.7	1x+340.7
Transform > Scale	170 %, 170 %	170 %, 170 %	170 %, 170 %
Transform > Rotation	--	--	--
Transform > Opacity	100 %	0 %	--

 Blurriness（模糊量）的數值越大，
則物件越模糊。Opacity（透明度）
的數值越大，則物件越清楚。

 24. 當 Timeline 的時間來到 0;00;06;09 位置時，持續保持時鐘（Clock
AE 合成檔）的大小 Scale = 170 %。此時，Turbulent Displace 下之
Evolution（演化）也持續變化中，時鐘持續扭曲變形中。持續保持
Opacity（透明度）= 100 %，讓時鐘能清楚顯示一段時間。

 25. 下圖所示為 Timeline 的時間在 0;00;06;09 位置時,在 Water 合成檔下 Composition 視窗中所顯示的影像,此時時鐘仍然清楚可見,尺寸也維持不變。

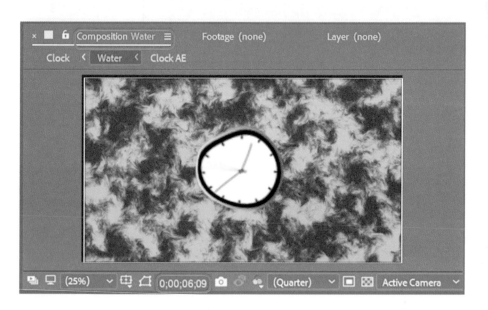

 26. 當 Timeline 的時間來到 0;00;06;15 位置時,變數 Blurriness 變為 142.9,時鐘(Clock AE 合成檔)的大小持續保持,Scale = 170 %,但將 Opacity(透明度)= 0 %,即讓時鐘在相同大小之下忽然不見。

27. 下圖所示為 Timeline 的時間在 0;00;06;15 位置時，在 Water 合成檔下 Composition 視窗中所顯示的影像，此時時鐘已消失不見。

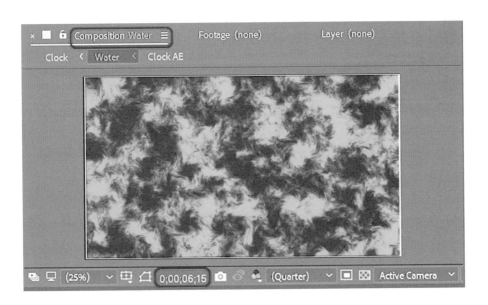

 28. 當 Timeline 的時間來到 0;00;07;00 位置時，其實時鐘已不見，為了讓時鐘消失的較自然，因此最後在做變數的一些調整。將 Blurriness 設為 500，時鐘的大小仍然維持 170 %，而 Opacity（透明度）之前已設定為 0 %，即物件已看不見。

這一課的步驟較多，將相關的單字熟記起來，功力將增強！

 29. 下圖所示為 Timeline 的時間在 0;00;07;00 位置時，在 Water 合成檔下 Composition 視窗中所顯示的影像，此時時鐘已消失不見。

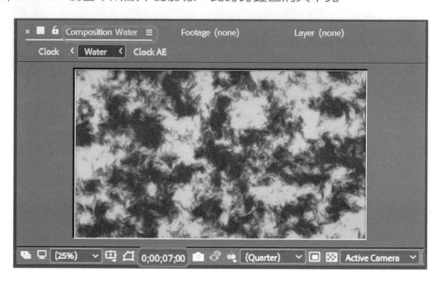

3-6 統整所有合成檔

將前面製作完成之 Wave 及 Water 合成檔放入新的 Clock 合成檔中，並加入一 Caustics 特效做連結及整合。

 1. 點選 Composition → New Composition→輸入檔名 :Clock。Preset（預設）下拉選單中選擇 HDTV 1080 29.97，Frame Rate : 29.97，Duration:0;00;10;00（10 秒），Background Color（背景顏色）: R255: G255: B255（白色），設定完成後點按 OK 按鈕。

 2. 在工具列上快速點兩下矩形工具（Rectangle Tool），在 Composition Settings 視窗中會顯示出矩形圖形，在 Timeline 時間軸中會自動顯示 Shape Layer 1 合成檔。

3. 在 Timeline 時間軸中的 Clock 合成檔之面板下,將 Project (專案) 面板
中的 Wave 及 Water 合成檔拖拉至時間軸中的視窗面板,如下圖所示。

4. 將 Wave 合成檔之 Mode (混和模式) 改為 Overlay (覆蓋) 模式,即此圖
層與下列圖層之作用同時顯示。

5. 若 Wave 合成檔之 Mode (混和模式) 保留原來預設的 Normal (標準) 模式,
就只會顯示最上層的圖層與動作,如下圖所示,只顯示 Wave 合成檔之水
波的波動。

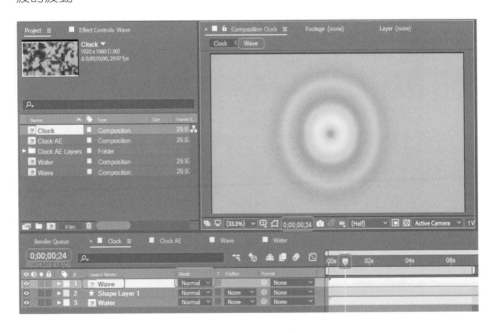

 6. 若 Wave 合成檔之 Mode （混和模式）改為 Overlay （覆蓋）模式，如下圖所示，會同時顯示 Wave、Water 合成檔及時鐘所結合之特效動畫影像。

 7. 點選 Timeline 時間軸中的第 2 圖層 Shape Layer 1 合成檔。點選工具列 Effect （特效）→ Simulation → Caustics （焦散）特效。

 8. 在 Effect Controls （特效控制）面板中，在 Bottom → Bottom 的選項中選取第 3 圖層 3.Water，在 Water → Water Surface 的選項中選取第 1 圖層 1.Wave。

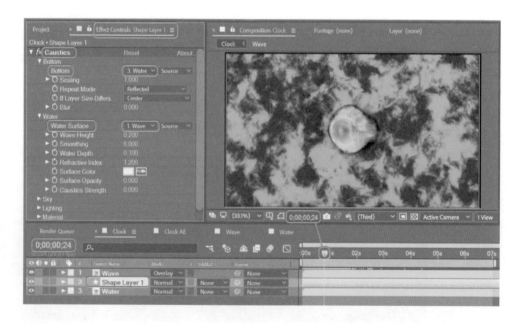

9. 在 Effect Controls（特效控制）面板中，在 Caustics 特效中，點選 Material（材料）→Specular Reflection（鏡面反射）選項前的碼錶，設定關鍵影格。

 10. 點選 Timeline（時間軸）視窗中第 2 圖層 Shape Layer 1 合成檔，用快捷鍵 U，即刻顯示 Specular Reflection（鏡面反射）選項列，Timeline 的時間在 0;00;00;15 位置時，設定數值為 0.200。

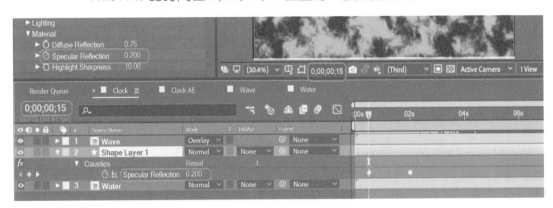

 11. Timeline 的時間在 0;00;02;00 位置時，Specular Reflection（鏡面反射）選項設定數值為 0.000，動畫影像如下圖所示。

3-7. 輸出影片檔

1. 滑鼠移至 Timeline 視窗時間軸上方灰色線帶邊的藍色線段，即工作區結束端（Work Area End），將此藍色線段往左拖拉至 7 秒位置，當我們輸出影片檔時，只存取 7 秒的 Clock 合成檔影片。

2. 在工作區（Work Area），即指示針下面灰色線帶上點按滑鼠右鍵。在跳出的選單中選用 Trim Comp to Work Area（修剪合成檔至設定之工作區）。完成後，如下圖所示。

3. 雖然一開始設定的 Composition 為 10 秒鐘，但我們所製作的時鐘動畫影片動作只需要 7 秒鐘。

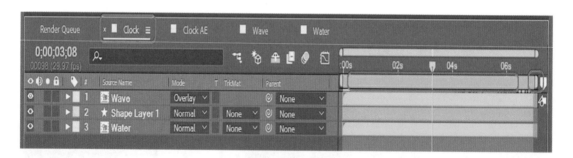

4. 在 Clock 合成檔顯示之視窗中，選擇工具列 Composition → Add to Render Queue。點按 Output Module 右側之 Lossless → Format 右方之箭頭，可選用檔案類型，此處我們選用 QuickTime → OK。

5. 點按 Output To 右側之 Not yet specified，在跳出之資料夾中輸入檔名 Clock_1 後，點按存檔。

6. 點按下圖右方之 Render（轉碼），Render 進行中，會顯示藍色線條及進行之時間。

→ 7. 在資料夾中已多出 QuickTime 影片檔：Clock_1，點按此影片檔，如下圖
所示為時鐘意境之動畫影片。

真厲害！你又完成了這一課！來接受挑戰自我驗收成果吧！！

1. **複製並製作多個不同時鐘的轉動動作合成檔。**

   在 Project 中複製幾個已製作好之時鐘合成檔,並將這些合成檔拉至
   新建立的合成檔,並隨意排列變化。

2. **這些時鐘合成檔可選用 3D 特效。**

   在時鐘合成檔中加入 3D 特效,以改變時鐘的三軸傾斜旋轉角度。

3. **時鐘合成檔中可加入粒子特效。**

   在時鐘合成檔中加入粒子特效,可呈現多樣性地變化,如星形粒子、線
   條粒子或圓球粒子等。

Lesson4

第4堂課
齒輪轉動動畫

只需畫幾張不同齒數大小的齒輪，就可輕易做出齒輪轉動的各種效果動畫。

齒輪轉動動畫

　　在一般的動畫影片中，常會出現一些機構連結或旋轉驅動等動力輸出的動畫場景，例如齒輪的連結旋轉運動。齒輪的旋轉運動在動畫製作上較為簡單，因是圓心旋轉運動，只要幾張不同齒數的齒輪，並依照各齒之間的連結旋轉動作繪製幾張連續圖案，即可簡單完成齒輪轉動的動畫，但若加上尺寸大小、數量、旋轉快慢的變化及其他效果，就得花上好幾個工作天才能完成。

　　在 Adobe After Effects 特效合成的軟體中，其變化就相當多樣性，例如加入相機及 3D 特效可以營造景深效果，加入尺寸大小、數量、旋轉快慢變化及關鍵影格的設定，可隨時改變齒輪轉動動畫的效果，父子關係的連結及程式的應用可快速及簡易的完成大量繪圖的時間，再加上其他許多變化的特效等，可以輕易編輯製作齒輪轉動動畫或機構連結動作的動畫影片。

4-1 建立齒輪合成檔案

 1. 開啟 After Effects CC 後 點 選 New Composition（新合成），跳出 Composition Settings（合成設定）視窗。

 2. 在 Composition Settings 視 窗中，修改 Composition Name（合成檔名）：Gear All，Preset（預設）的下拉選單中選擇 HDTV 1080 29.97，Frame Rate（影格速率）：29.97 fps（frames per second），即每秒 29.97 影格，點選旁邊之箭頭後會顯示下拉選單，有各種數值可供挑選，由 8 fps 至 120 fps，Duration 設定 10 秒 0;00;10;00，設定完成後點按 OK 按鈕。

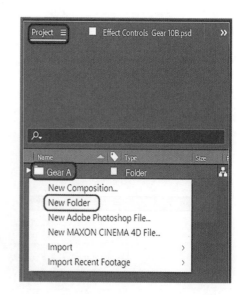

3. 在 Project 視窗下方的檔案資料面板中，點按滑鼠右鍵後，在跳出的選單中，選擇 New Folder（新資料夾），建立圖檔資料夾：Gear A。

 4. 點選工具列 File → Import→File，匯入資料夾PS Gear內之四個檔案。

 5. 在 Project 視窗中，打開 Gear A 資料夾，選取四個齒輪檔案，並拖拉 Gear All 合成檔下之 Timeline（時間軸）中，4 個圖層分別為 Gear 10B（藍10齒）、Gear 24（24齒）、Gear 10Y（黃10齒）及 Gear 16（16齒）。

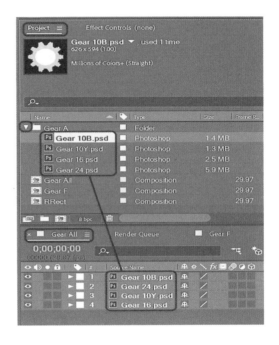

 6. 選取 Timeline（時間軸）中 Gear 10B 圖層，並將 Composition 視窗放大至 400 %，以便將錨點精準對位至 Gear 10B 圖層的中心，以免齒輪轉動時造成偏心，使用工具列之錨點工具（Anchor Point Tool），將 Gear 10B 圖層的錨點移至齒輪的中心位置。

 7. 接著，將 Gear 24（24齒）、Gear 10Y（黃10齒）及 Gear 16（16齒）圖層的錨點移至齒輪的中心位置。並將各個齒輪互相銜接及依序排列，如下圖所示。

您可使用所附的光碟裡的圖檔，也可以自己在繪圖軟體繪製四種不同尺寸與顏色的齒輪並分別存檔後置入不同圖層。

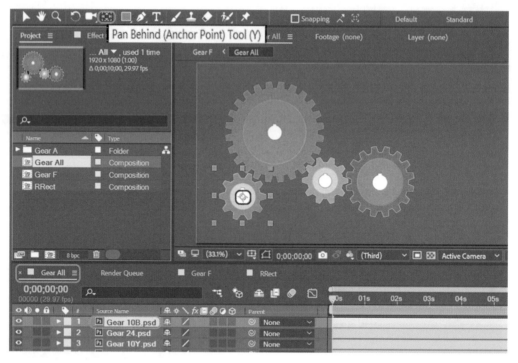

→ 8. 點選 Timeline（時間軸）視窗中第 1 圖層 Gear 10B 之左方箭頭及下拉選項 Transform（轉變）之左方箭頭，點選 Rotation（旋轉角度）選項左方之碼錶（關鍵影格設定），此時開始的時間設定在 0;00;00;00 位置，Timeline（時間軸）軌道上出現一菱形圖案，即在 0 秒 0 影格時，設定 Rotation 旋轉角度為 0 度。

→ 9. 將 Timeline（時間軸）上方的指示針（Indicator）移至右側，時間在 0;00;07;00 位置時，並點按 Rotation（旋轉角度）選項左方之碼錶，Timeline（時間軸）軌道上出現一菱形圖案，即在 7 秒 0 影格時，設定 Rotation 旋轉角度為 360 度（1x+0.0 度）。

10. 點選 Timeline（時間軸）視窗中第 2 圖層 Gear 24 圖層後，點按鍵盤 R，
即可跳出單一轉變之變數 Rotation，按住鍵盤 Alt 鍵不放，同時點選
Rotation 選項左方之碼錶，此時 Rotation 選項下方會顯示一列程式表
示式（Expression: Rotation）。

11. 接著點選表示式 Expression: Rotation 選項右方之程式選取鞭
（Expression pick whip）按住不放，並拖拉至第 1 圖層 Gear 10B 圖層
下方之 Rotation 變數選項之後，放開滑鼠按鍵，此時在第 2 圖層 Gear
24 圖層下之 Expression: Rotation 自動顯示出下列程式：

thisComp.layer("Gear 10B.psd").transform.rotation

意思：此 Gear 24 圖層的旋轉受到 Gear 10B 圖層旋轉的控制，
即 Gear 10B 旋轉 360 度，Gear 24 也跟著旋轉 360 度。

12. 然而，Gear 24 齒輪有 24 齒，Gear 10B 齒輪則只有 10 齒，當 Gear 10B
旋轉一圈後，Gear 24 還未旋轉一圈，而且兩個齒輪的旋轉方向相反，因
此，我們需要在程式的最右方乘上（-10/24），其程式如下所示：

thisComp.layer("Gear 10B.psd").transform.rotation*(-10/24)

意思：Gear 10B 旋轉 360 度時，Timeline（時間軸）上方的指示針（Indicator）移至
0;00;07;00 位置時，Gear 24 則逆時鐘方向旋轉 -150 度，其比例為 10/24 = 150/360。

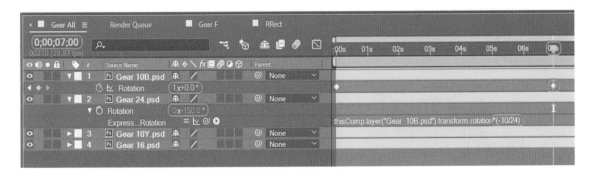

13. 同上 9 及 10 步驟，因 Gear 10Y 齒輪有 10 齒，Gear 10B 齒輪也是 10 齒，當 Gear 10B 旋轉一圈後，Gear 10Y 也旋轉一圈，而且兩個齒輪的旋轉方向相同，因此，我們不需要在程式做任何調整，其程式如下所示：

thisComp.layer("Gear 10B.psd").transform.rotation

14. 同上 9 及 10 步驟，Gear 16 齒輪有 16 齒，Gear 10B 齒輪則只有 10 齒，當 Gear 10B 旋轉一圈後，Gear 16 還未旋轉一圈，而且兩個齒輪的旋轉方向相反，因此，我們需要在程式的最右方乘上 (-10/16)，其程式如下所示：

thisComp.layer("Gear 10B.psd").transform.rotation*(-10/16)

意思：Gear 10B 旋轉 360 度時，Timeline（時間軸）上方的指示針（Indicator）移至 0;00;07;00 位置時，Gear 16 則逆時鐘方向旋轉 -225 度，其比例為 10/16 = 225/360。

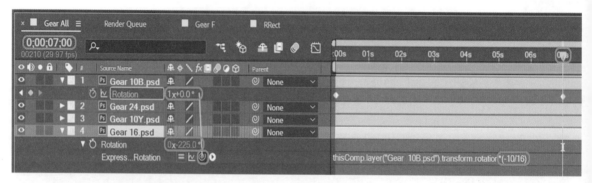

因為齒輪大小不同，要互相能互動旋轉需要有相對應的數字，按照步驟來，你可以了解這些數字設定。

4-2 建立圖形變化合成檔

1. 點選 Composition → New Composition，跳出 Composition Settings 視窗。在 Composition Settings 視窗中，修改 Composition Name（合成檔名）:RRect，Preset 的下拉選單中選擇 HDTV 1080 29.97，Frame Rate: 29.97 fps (frames per second)，即每秒 29.97 影格，Duration 設定 10 秒 0;00;10;00，Background Color 為預設值黑色，設定完成後點按 OK 按鈕。

2. 點選矩形工具 (Rectangle Tool)，並在 Composition 視窗中拉出矩形圖形，如下圖所示，點選 Fill （填色），Color: R250: G150: B80，取消 Stroke （外框）顏色。

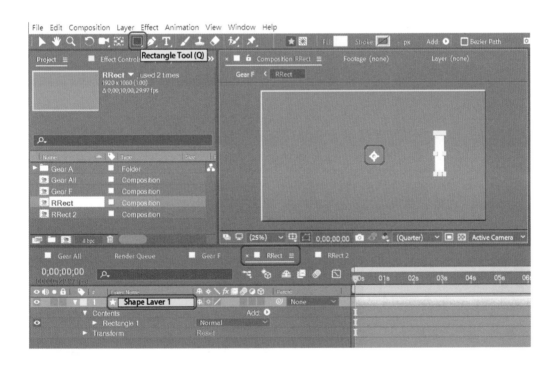

3. 點選 Shape Layer 1 後點按滑鼠右鍵,在跳出之選單中選擇 Rename (改名)將檔名改為 Rect 1。

4. 調整矩形圖形之錨點中心位置,將 Composition 視窗放大至 200 %,使用工具列之錨點工具 (Anchor Point Tool),將 Rect 1 的錨點移至矩形的最下緣位置,以便放大縮小時是以此為基準。

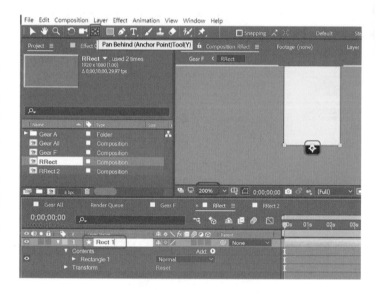

5. 點選多邊形工具 (Polygon Tool),並在 Composition 視窗中拉出六角圖形,如下圖所示,預設值為 5 角形 (Point: 5),點選 Fill (填色),Color: R250: G150: B80,取消 Stroke (外框)顏色。

6. ▶ Contents →
▶Polystar 1 ▶
→ Polystar Path 1
Point: 6,
Rotation: 0x+0.0,
Outer Radius: 50。

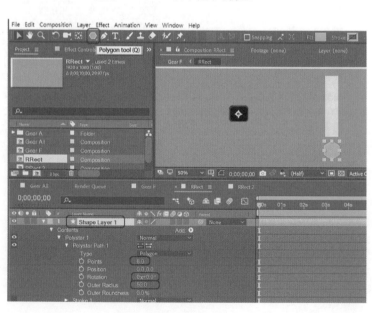

7. 點選 Shape Layer 1 後點按滑鼠右鍵，在跳出之選單中選擇 Rename（改名）將檔名改為 6R 1。

 8. 調整六角形之錨點中心位置，將 Composition 視窗放大至 200 %，使用錨點工具（Anchor Point Tool），將 6R 1 的錨點移至六角形的中心位置。

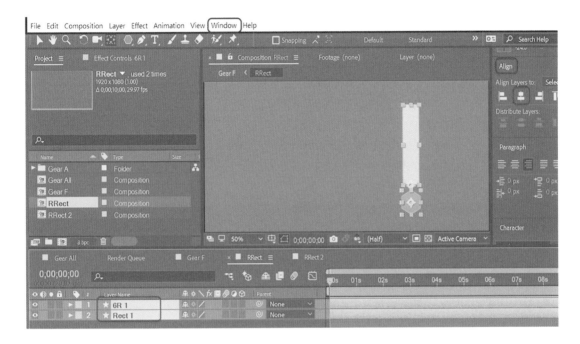

 9. 調整第 2 圖層為 6R 1 及第 1 圖層為 Rect 1。點選第 2 圖層 6R 1，將 Timeline 的時間設定在 0;00;00;00、0;00;01;00 及 0;00;07;00 位置。

 10. 點選第 2 圖層 6R 1 合成檔前之三角箭頭，再點選 Transform 前之三角箭頭，點選 Scale、Rotation、Opacity 前之碼錶，設定之數值如下表。

在 Timeline 不同的時間下，各種變數之關鍵影格設定及變化：

	0;00;00;00	0;00;01;00	0;00;07;00
Transform > Scale	0 %, 0 %	100 %, 100 %	--
Transform > Rotation	0x+0.0	--	3x+0.0
Transform > Opacity	0 %	100 %	--

11. 在 Timeline 時間軸中的 RRect 合成檔下，點選第 1 圖層 Rect 1，將 Timeline 的時間設定在 0;00;01;00 及 0;00;03;00 位置。

12. 點選第 1 圖層 Rect 1 合成檔前之三角箭頭，再點選 Contents 前之三角箭頭，→再點選 Rectangle 1 前之三角箭頭→Fill 1，點選 Color 前之碼錶，接著，再點選 Transform 前之三角箭頭，點選 Scale 前之碼錶，設定之數值如下表。

在 Timeline 不同的時間下，各種變數之關鍵影格設定及變化：

	0;00;01;00	0;00;03;00
Fill 1 > Color	R250: G150: B80	R250: G150: B80
Transform > Scale	100 %, 0 %	100 %, 100 %

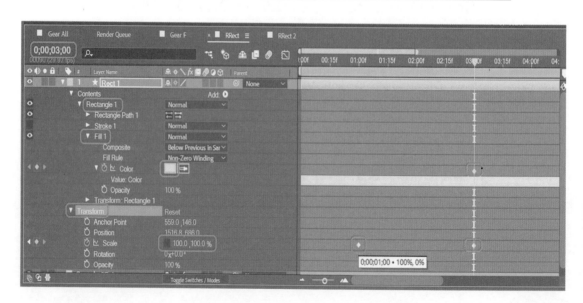

13. 點按快捷鍵 U，則只會顯示有設定關鍵影格之變數。

 14. 使用 Timeline 時間軸下方之放大影格調整軸（Zoom in to frame level）。

 15. 在 Timeline 時間軸中的 RRect 合成檔下，點選第 1 圖層 Rect 1，時間設定在 0;00;03;01 位置，點選 Color 前之碼錶，並更改顏色為 R80：G50：B250。即 3 秒 1 影格後，顏色由橘黃變為藍色。

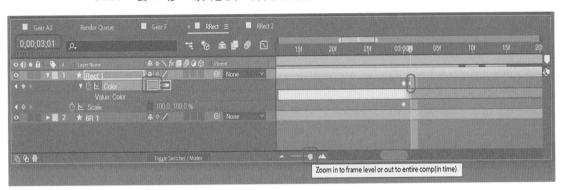

 16. 按住鍵盤 Shift 同時點選第 1 圖層 6R 1 及第 2 圖層 Rect 1，點按 Ctrl + D 兩次，在 Timeline 時間軸中增加 4 個圖層：6R 2、Rect 2、6R 3、Rect 3，稍微調整一下各圖層之順序，並在 Composition 視窗中，時間軸移到 5 秒，調整 6R 2 六角形、Rect 2 矩形、6R 3 六角形、Rect 3 矩形之位置，如下圖所示。

17. 按住鍵盤 Shift 同時點選 6R 2 及 Rect 2 圖層，滑鼠右鍵點按在圖層前之正方形色框，在跳出選單中選用 Yellow。同上之步驟，同時點選 6R 3 及 Rect 3 圖層，滑鼠右鍵點按在圖層前之正方形色框，在跳出選單中選用 Red，以便分類製作同組元件，如下圖所示。

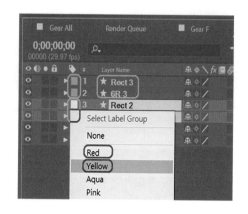

18. 同時點選 6R 3 及 Rect 3 圖層後，將開始時間往後拖拉至 0;00;04;00，同上之步驟，同時點選 6R 2 及 Rect 2 圖層，將開始時間往後拖拉至 0;00;02;00，如下圖所示。

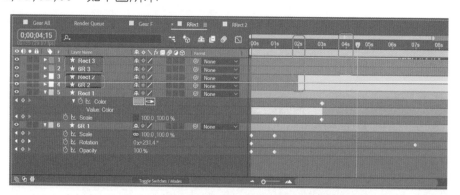

19. 在 Composition 視窗中，當 Timeline 時間在 0;00;04;15 時，陸續顯示 6R 1 及 Rect 1 圖層及 6R 2 及 Rect 2 圖層，如下圖所示。

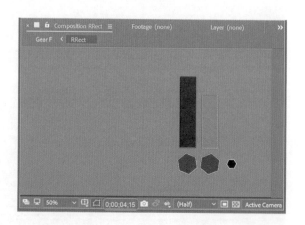

20. 在 Composition 視窗中，當 Timeline 時間在 0;00;05;01 時，設定 Rect 2 圖層之 Color 關鍵影格，將顏色改為紫色 R200；G50；B250，如下圖所示。

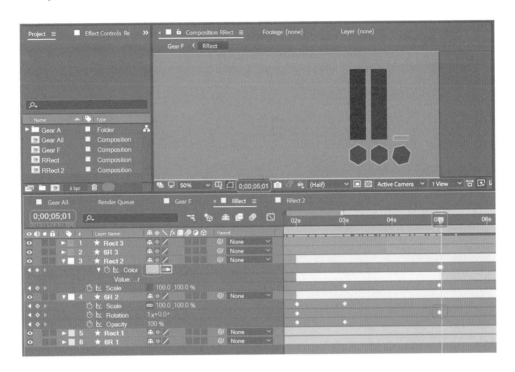

21. 在 Composition 視窗中，當 Timeline 時間在 0;00;07;01 時，設定 Rect 3 圖層之 Color 關鍵影格，將顏色改為紅色 R200；G0；B0，如下圖所示。

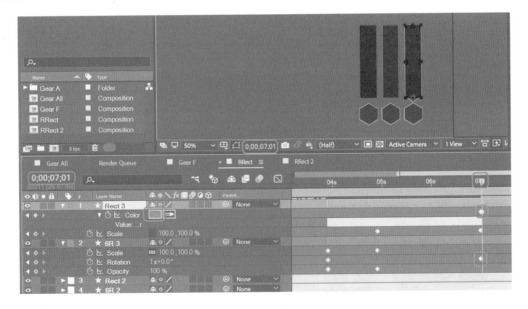

 22. 在 Timeline 時間在 0;00;07;00 時,設定 6R3 圖層、6R2 圖層及 6R1 圖層之 Rotation 關鍵影格,分別為 1x+0.0、2x+0.0 及 3x+0.0,如下圖所示。

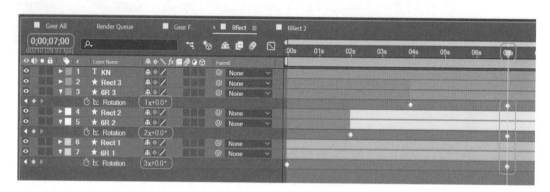

 23. 點選工具列面板的文字工具 T,在 Composition 視窗中輸入 KN,在字元 Character 中修改字型為 Berlin Sans FB,字元大小為 70 px,並調整位置,如下圖所示。

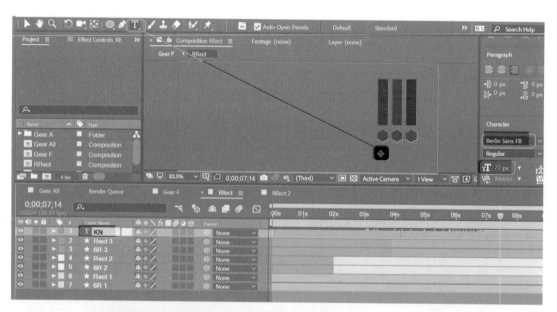

圖層的使用與命名關係到後面的作業或需修改時方便尋找,一定要確實養成習慣喔!

24. 點選 Timeline（時間軸）視窗中第 1 圖層 KN 之左方箭頭，及點選 Text 左方箭頭，即可跳出變數 Source Text，按住鍵盤 Alt 鍵不放，同時點選變數 Source Text 選項左方之碼錶，此時 Source Text 選項下方會顯示一列程式表示式（Expression: Rotation）。

 25. 接著點選表示式 Expression: Source Text 選項右方之程式選取鞭（Expression pick whip）按住不放，並拖拉至 6R1 圖層下方之 Rotation 變數選項。

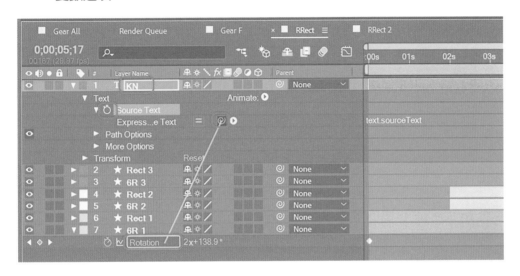

 26. 放開滑鼠按鍵，此時在 KN 圖層下之 Expression: Source Text 的 Timeline（時間軸）之程式表示式自動顯示出下列程式：

$$\text{thisComp.layer("6R 1").transform.rotation}$$

 27. 同時在 Composition 視窗中顯示出數值 858.85714….，如右圖所示。

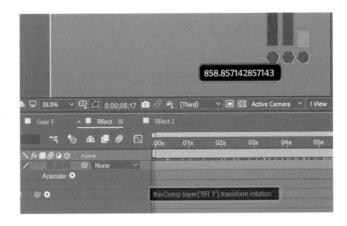

 28. 點選 Source Text 選項下方之 Expression: Source Text 選項右方之白色圓圈黑箭頭,即程式語言表示式選單 (Expression language menu),如下圖所示。

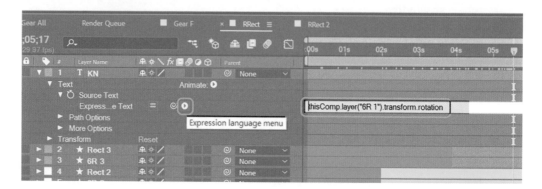

 29. 在跳出的選單中選用 JavaScript Math → Math.round(Value),即算數之四捨五入,將程式表示式修改成如下式所示。

Math.round(thisComp.layer("6R 1").transform.rotation)

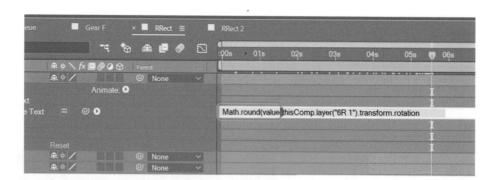

 30. 在程式表示式的最後部分加入 +" KN",修改後如下式所示。調整 Composition 視窗中 KN 圖層之位置。

Math.round(thisComp.layer("6R 1").transform.rotation) +" KN"

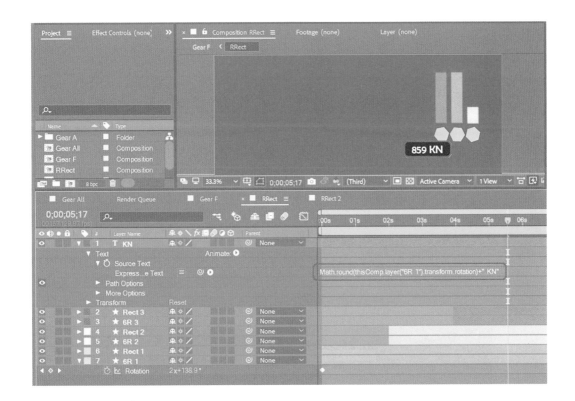

 31. 點選 Timeline（時間軸）視窗中第 1 圖層 KN 之左方箭頭，及點選
Transform 左方箭頭，設定 Scale 及 Opacity 變數之關鍵影格。
時間 0;00;07;00，Scale: 100 %；時間 0;00;07;05，Scale: 150 %；
時間 0;00;07;10，Scale: 100 %。
時間 0;00;01;00，Opacity: 0 %；時間 0;00;01;01，Opacity: 100 %。

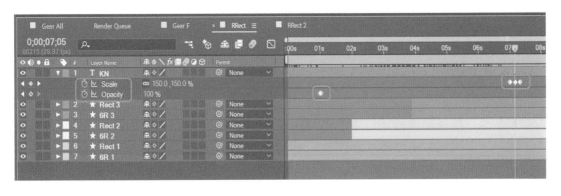

時間軸與關鍵影格的設定真是一大挑戰呢！加油～～

4-3 建立齒輪傳動動作

 1. 點選 Timeline（時間軸）的 Gear All 合成檔，點選橢圓形工具（Ellipse Tool），並在 Composition 視窗中 Gear 16 圖層的邊緣拉出圓形，顏色設為白色，如下圖所示。

 2. 點選 Shape Layer 1 後點按滑鼠右鍵，在跳出之選單中選擇 Rename（改名）將檔名改為 Circle。調整圓形之錨點中心位置，將 Composition 視窗放大至 200 %，使用工具列之錨點工具（Anchor Point Tool），將 Circle 的錨點移至圓形的中心位置。

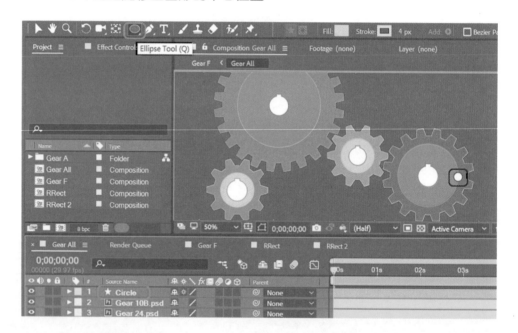

 3. 接著點選圓角矩形工具（Rounded Rectangle Tool），並在 Composition 視窗中拉出棒狀的圓角矩形，顏色設為 R250：G100：B0，外框 Stroke 4 px，如下圖所示。

 4. 點選 Shape Layer 1 後點按滑鼠右鍵，在跳出之選單中選擇 Rename（改名）將檔名改為 Arm。調整棒狀圓角矩形之錨點中心位置，將 Composition 視窗放大至 200 %，使用工具列之錨點工具（Anchor Point Tool），將 Arm 的錨點移至棒狀圓角矩形的左邊位置，如下圖所示。

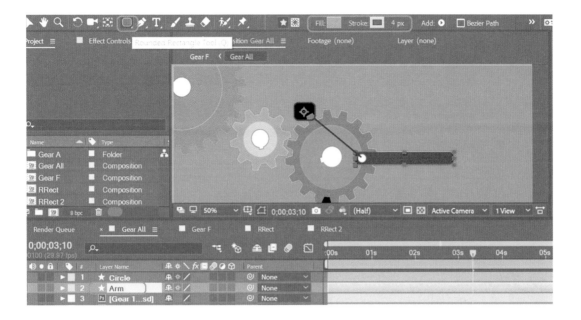

 5. 接著點選圓角矩形工具 (Rounded Rectangle Tool)，並在 Composition 視窗中拉出圓角矩形，顏色設為 R0：G120：B120，外框 Stroke 4 px，如下圖所示。

 6. 點選 Shape Layer 1 後點按滑鼠右鍵，在跳出之選單中選擇 Rename（改名）將檔名改為 Rect。調整圓角矩形之錨點中心位置，將 Composition 視窗放大至 200 ％，使用工具列之錨點工具 (Anchor Point Tool)，將 Rect 的錨點移至圓角矩形的右邊位置，即棒狀圓角矩形之右邊位置，如下圖所示。

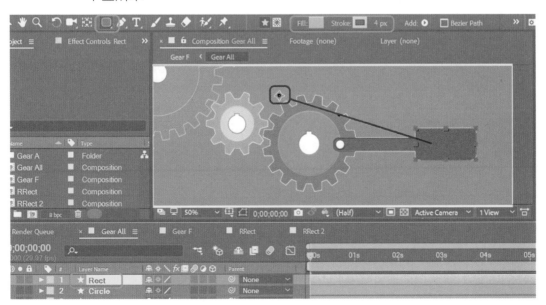

 7. 點選第2圖層Circle右方之父子關係（Parent）的選項，選擇第4圖層Gear 16，即Circle白色圓形隨著Gear 16齒輪的旋轉而轉動，如下圖所示

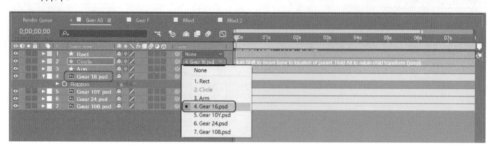

 8. 如下圖所示，Gear 16齒輪逆時鐘方向旋轉至128.6度時，Circle白色圓形也跟著旋轉。

 9. 點選Timeline（時間軸）視窗中第3圖層Arm圖層後，點按鍵盤P，即可跳出單一轉換之變數Position，按住鍵盤Alt鍵不放，同時點選Position選項左方之碼錶，此時Position選項下方會顯示一列程式表示式（Expression: Position）。

 10. 在Timeline之程式輸入區中，輸入 a =，接著點選表示式Expression: Position選項右方之程式選取鞭（Expression pick whip）按住不放，並拖拉至第2圖層Circle圖層。

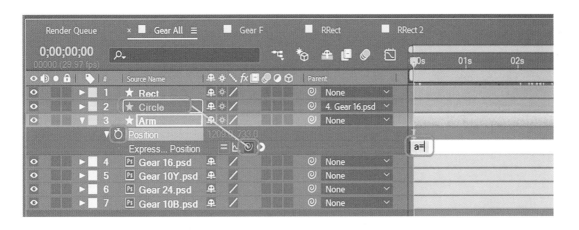

 11. 在第 3 圖層 Arm 圖層下之 Expression: Position 自動顯示出下列程式：

$$a = thisComp.layer("Circle")$$

 12. 接著在程式結尾處輸入分號（ ; ），點按鍵盤內之 Enter 換行，再輸入一行程式，如下所示。

$$a = thisComp.layer("Circle");$$

$$a.toWorld(a.anchorPoint)$$

意思：把 a（Circle 層）的 anchorPoint（中心點）從層的坐標轉換到世界的坐標。

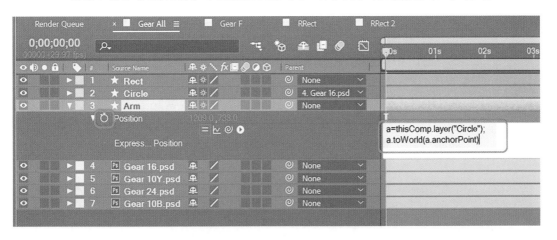

程式表示式（Expression: Position）與程式選取鞭（Expression pick whip）和程式的接連方式可多練習喔！

 13. 如下圖所示，在 Timeline 時間為 0;00;02;00 時，Gear 16 齒輪逆時鐘
方向旋轉至 128.6 度時，Arm 棒狀圓角矩形及 Circle 白色圓形也跟著旋
轉。

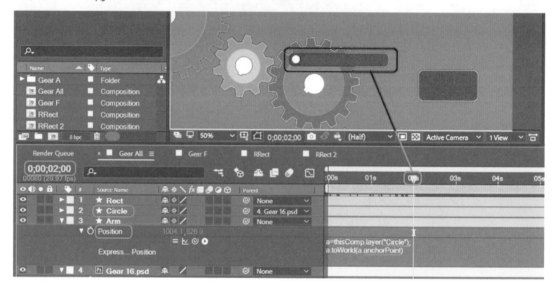

 14. 點選 Timeline（時間軸）視窗中第 3 圖層 Arm 圖層後，點按鍵盤 R，
即可跳出單一轉換之變數 Rotation，按住鍵盤 Alt 鍵不放，同時點選
Rotation 選項左方之碼錶，此時 Rotation 選項下方會顯示一列程式表示
式（Expression: Rotation）。

 15. 在 Timeline 之程式輸入區中，輸入 a =，接著點選表示式 Expression:
Rotation 選項右方之程式選取鞭（Expression pick whip）按住不放，並
拖拉至第 1 圖層 Rect 圓角矩形圖層。

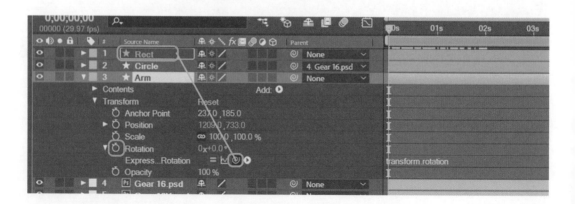

16. 在第 3 圖層 Arm 圖層下之 Expression: Rotation 自動顯示出下列程式：

> a=thisComp.layer("Rect");

 17. 接著在程式結尾處輸入分號（ ; ），點按鍵盤內之 Enter 換行，再輸
入幾行程式，如下式所示。

> a=thisComp.layer("Rect");
> b=a.toWorld(a.anchorPoint);
> c=thisLayer.toWorld(thisLayer.anchorPoint);
> x=b[0]-c[0];
> y=b[1]-c[1];
> p=Math.atan2(y,x);
> radiansToDegrees(p)

註： p=Math.atan2(y, x);
radiansToDegrees(p)
當實數 x 和 y 不同時等於 0 時，反正切函數 atan2(y, x) 是指坐標原點為起
點，指向 (x, y) 的射線在坐標平面上與 x 軸正方向之間的夾角度。
計算出來的 p 是一個弧度值，需要轉換成角度，其中 x 是鄰邊邊長，而 y 是對邊邊長。

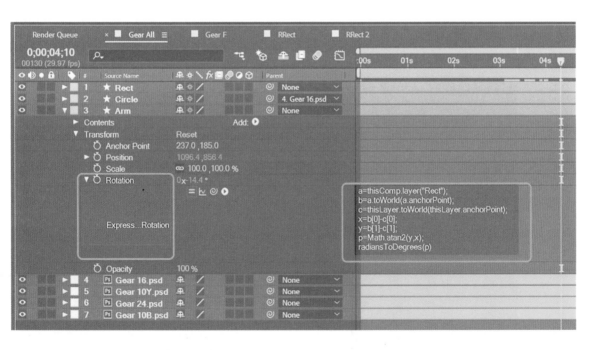

18. 如下圖所示，在 Timeline 時間為 0;00;04;10 時，Gear 16 齒輪逆時鐘方向旋轉時，Arm 棒狀圓角矩形左邊會跟著 Circle 白色圓形跟著旋轉，但 Arm 棒狀圓角矩形的右邊則維持直線動作。

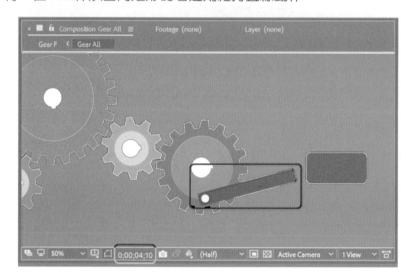

19. 在 Timeline 視窗的空白面板上點按滑鼠右鍵，在跳出之選單中選用 New → Null Object，在第 1 圖層中新增一空物件 Null 1 圖層。

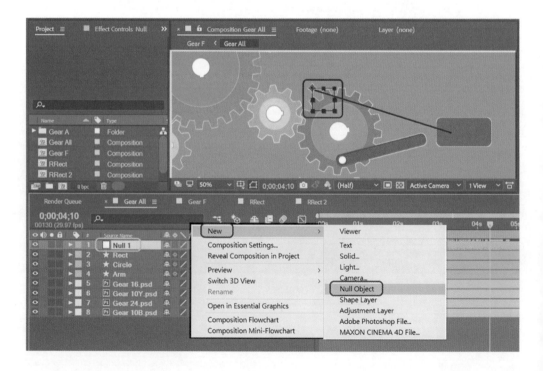

20. 如下圖所示，在 Timeline 時間為 0;00;00;00 時，將空物件 Null 1 圖層及錨點移至綠色圓角矩形的左邊。

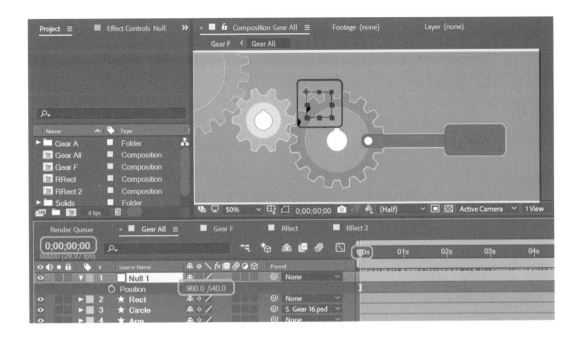

 21. 將 Null 1 圖層的位置由 (960, 540) 移至 (1580, 735)，如下圖所示。

22. 點選 Timeline（時間軸）視窗中第 2 圖層 Rect 圖層後，點按鍵盤 P，即可跳出單一轉換之變數 Position，按住鍵盤 Alt 鍵不放，同時點選 Position 選項左方之碼錶，此時 Position 選項下方會顯示一列程式表示式（Expression: Position）。

23. 在 Timeline 之程式輸入區中，輸入 a =，接著點選表示式 Expression: Position 選項右方之程式選取鞭（Expression pick whip）按住不放，並拖拉至第 1 圖層 Null 1 圖層。

24. 在第 2 圖層 Rect 圖層下之 Expression: Position 自動顯示出下列程式：

a=thisComp.layer("Null 1");

25. 接著在程式結尾處輸入分號（ ; ），點按鍵盤內之 Enter 換行，再輸入兩行程式，如下所示。

a=thisComp.layer("Null 1");
x=a.toWorld(a.anchorPoint)[0];
[x,value[1]]

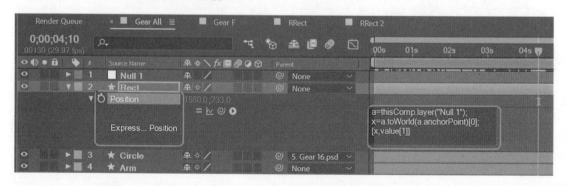

26. 點選第 1 圖層 Null 1 圖層右方之父子關係（Parent）的選項，選擇第 4 圖層 Arm，即 Null 1 空白物件隨著 Arm 棒狀矩形的運動而動作，如下圖所示。

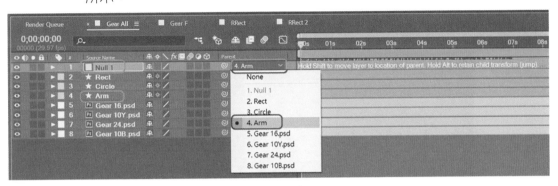

 27. 在 Timeline 時間為 0;00;00;00 時，Gear 16 的旋轉角度為 0 度，綠色圓角矩形的位置為（1542.7, 733.0），如下圖所示。

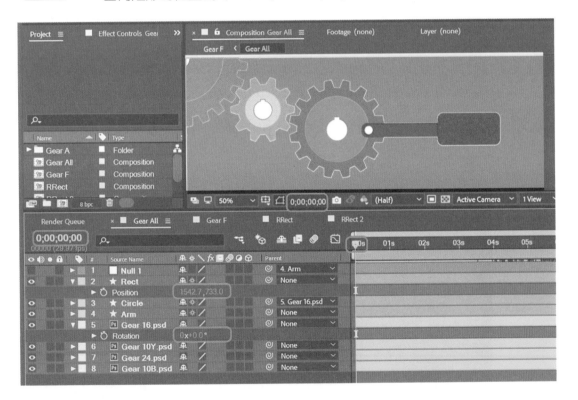

 更多了解圖層之父子關係（Parent）選項的應用方式。

 28. 在 Timeline 時間為 0;00;01;15 時，Gear 16 的旋轉角度為 -144.6 度時，綠色圓角矩形的位置為 (1309.6, 733.0)，如下圖所示。

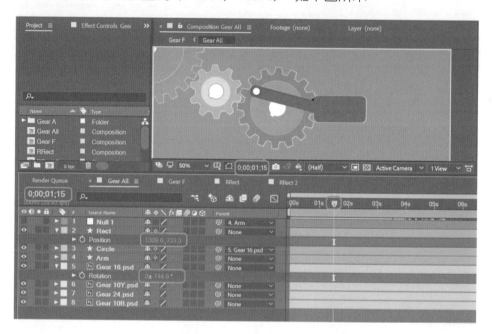

 29. 在 Timeline 時間為 0;00;03;22 時，Gear 16 的旋轉角度為 -360 度時，綠色圓角矩形的位置為 (1542.7, 733.0)，可發現圓角矩形的 y 位置都維持在 733.0，但 x 位置則隨著 Gear 16 的旋轉而改變，如下圖所示。

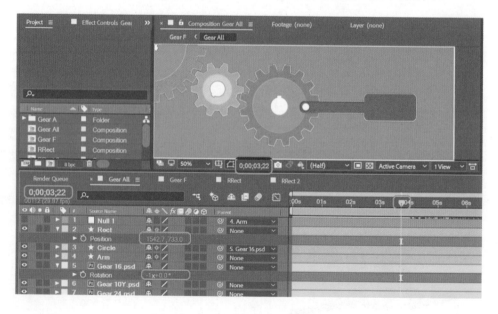

4-4 整合齒輪傳動動作和圖形變化

1. 點選 Composition → New Composition （新合成），跳出 Composition Settings （合成設定）視窗。在 Composition Settings 視窗中，修改 Composition Name: Gear F，Preset （預設）下拉選單中選擇 HDTV 1080 29.97，Frame Rate （影格速率）: 29.97，Duration （週期時間）:0;00;8;00 （8秒），Background Color 背景顏色為黑色，設定完成後點按 OK 按鈕。

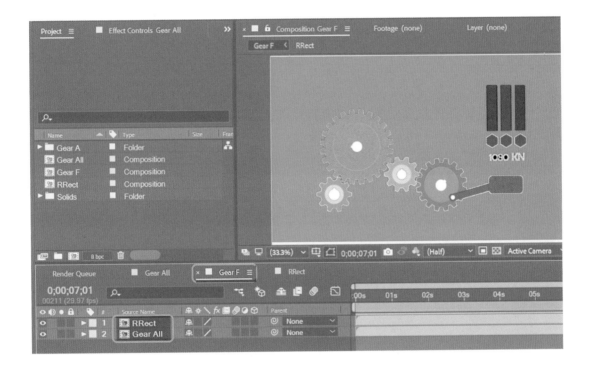

2. 在 Gear F 合成檔下，將之前建立完成的 Gear All 齒輪傳動動作合成檔，以及 RRect 圖形變化合成檔，在 Project 專案資料面板區拖拉至 Timeline 時間軸面板中。

3. 設定 Gear All 齒輪旋轉動作合成檔出場之關鍵影格，在時間為 0;00;00;00 時，Scale 為 (0%, 0%)，Opacity 為 0 %。

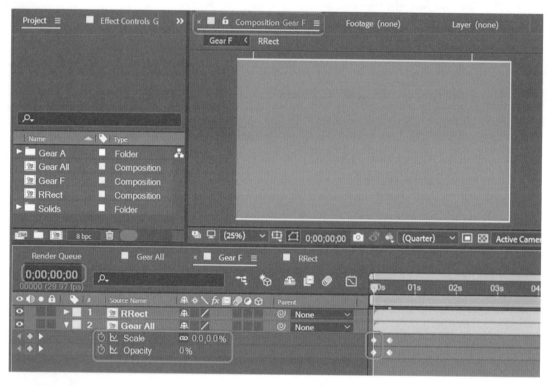

→ 4. 當時間為 0;00;00;12 時，Scale 設為 (80%, 80%)，Opacity 為 100 %。

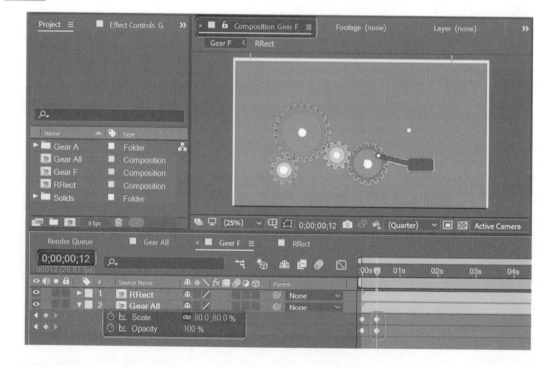

5. 選擇工具列 Composition → Add to Render Queue。

 6. 點按 Output Module 右側之 Lossless → Format 右方之箭頭，可選用檔案
類型，此處我們選用 QuickTime → OK。

 7. 點按 Output To 右側之 Not yet specified，在跳出之資料夾中輸入檔名
Gear F 後，點按存檔。

 8. 點按下圖右方之 Render （轉碼）。Render 進行中，會顯示藍色線條及進
行之時間。

 9. 在資料夾中已多出 QuickTime 影片檔:Gear F，點按此影片檔，如下圖
所示為齒輪傳動及圖形變化動作之動畫影片。

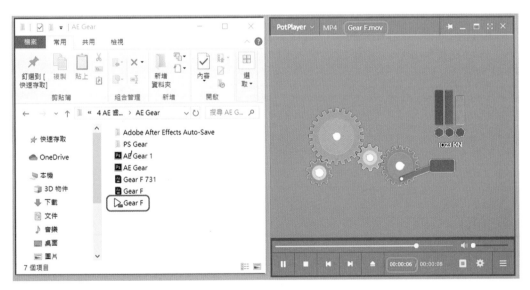

恭喜你，又完成一課！來挑戰一下自己吧！

第 4 堂課

1. **複製多組齒輪的連結旋轉運動，並編輯不同的大小、位置與連結。**
   在 Project 中複製幾個已製作好之齒輪的連結旋轉運動，並將這些合成
   檔拉至新建立的合成檔，再編輯製作。

2. **選用 Turbulent Displace 特效加入新建立的合成檔。**
   在新建立的合成檔中加入 Turbulent Displace 特效，以調整齒輪的連
   結旋轉運動的扭曲與變化。

3. **可考慮加入 Fractal Noise 或 Particle World 粒子特效。**
   在合成檔中加入 Fractal Noise 或 Particle World 粒子特效，可呈現
   多樣性地變化，如雲霧或氣泡粒子等效果。

Lesson5

第5堂課
眼口髮動作動畫

只需幾張眼睛、嘴巴及頭髮，就可做出眨眼睛、頭髮飄動及嘴巴說話的動畫動作。

眼口髮動作動畫

　　繪製人物的頭部，如眼睛、嘴巴及頭髮的動畫動作時，眨眼睛的動作通常需要繪製幾張的連續圖案，而嘴巴的說話動作就不只需要繪製幾張的圖案而已，還要因不同口語及速度作不同的調整及變化，頭髮的飄動也需要繪製好幾張的連續圖案來做補間動畫。以傳統的繪製方式來繪製眼睛、嘴巴及頭髮的動畫動作可能需要花上不少的時間才能完成。

　　利用 Adobe After Effects 特效合成的軟體，眼睛的動畫動作可使用 Track Matte（追蹤遮罩），嘴巴的動畫動作可使用 Sequence Layers，Enable Time Remapping（開啟時間映射）及 Time Remap 變數來設定嘴巴說話的動作，而頭髮的動畫動作可選工具列的玩偶圖釘工具（Puppet Pin Tool）來製作。

5-1 建立眼睛動作合成檔

1. 開啟 After Effects CC 後點選 New Composition（新合成），跳出 Composition Settings（合成設定）視窗。

2. 在 Composition Settings 視窗中，修改 Composition Name（合成檔名）：Head，Preset（預設）的下拉選單中選擇 HDTV 1080 29.97，Frame Rate：29.97 fps（frames per second），即每秒 29.97 影格，Duration 設定 8 秒 0;00;08;00，設定完成後點按 OK 按鈕。

3. 點選工具列 File → Import → File，匯入三組 Photoshop 圖檔：Eye F（眼睛）、Face F（臉）、Mouth F（口），Import As：Composition，點按 Import 按鍵。

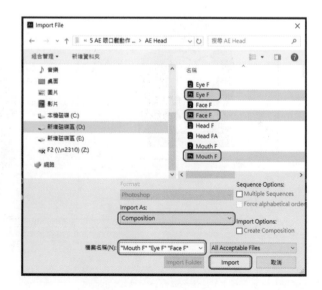

4. 匯入三組 Photoshop 圖檔後，在 Project 視窗中，可發現三個 Composition 合成檔：Eye F、Face F、Mouth F，以及三組資料夾 (Folder)：Eye F Layers、Face F Layers、Mouth F Layers。

5. 點選 Eye F Layers 及 Face F Layers 資料夾前的三角箭頭，即可發現 Eye F Layers 資料夾包含四個 Photoshop 圖檔，Face F Layers 資料夾 包含 8 個 Photoshop 圖檔，如下右圖所示。

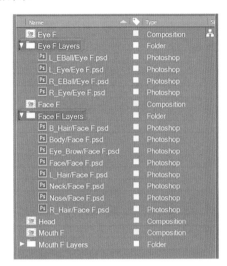

6. 在 Project 視窗中，連點兩下 Eye F 合成檔，在 Timeline（時間軸）中，就會顯示 4 個圖層分別為 R_EBall（右眼球）、R_Eye（右眼）、L_EBall（左眼球）、L_Eye（左眼）。

 7. 在 Timeline（時間軸）視窗中，點一下滑鼠右鍵，在跳出的選項中，選用 Composition Settings（合成設定），因背景顏色與眼睛顏色相近，因此將顏色修改為 R250：G150：B0，以便易於調整設定。

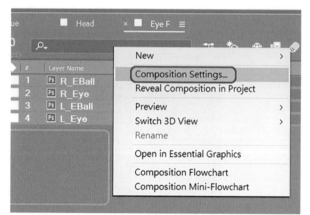

 8. 選取 Timeline（時間軸）中 R_EBall 圖層，並將 Composition 視窗放大至 200 %，以便將錨點精準對位至 R_EBall 圖層（右眼球）的中心，使用工具列之錨點工具（Anchor Point Tool），將 R_EBall 圖層的錨點移至右眼球的中心位置。接著，也將 R_Eye（右眼）、L_EBall（左眼球）及 L_Eye（左眼）圖層的錨點移至眼球的中心位置。

9. 將 Composition 視窗放大 100 %，並適當調整位置，選取 Timeline（時間軸）中的 R_Eye（右眼）圖層後，按 Ctrl + D 複製 R_Eye 2（右眼）圖層，並將 R_Eye 2（右眼）圖層移至最上層，此時右眼球被 R_Eye 2（右眼）遮住。

 10. 點選 Timeline（時間軸）視窗中第 2 圖層 R_EBall 右方 Track Matte 中之下拉選單中，選用 Alpha Matte "R_Eye 2"，此時又可看見右眼球了。

 若看不見 Track Matte 功能，可點選視窗下方的 Toggle Switches/ Modes。Track Matte（追蹤遮罩）的特性是將上一圖層的形狀範圍當作遮罩，顯示下一圖層的內容，此功能只能在相鄰的圖層之間才會產生作用。

Lesson5

第5堂課

11. 點選取消Timeline（時間軸）視窗中第1圖層R_Eye 2圖層最左方之眼睛圖案，則此圖層就消失不見，可看見下一層之眼球及眼睛。

12. 選取第1圖層R_Eye 2圖層及第3圖層R_Eye圖層，點選鍵盤S鍵後，在圖層下方顯示Scale變數關鍵影格設定。在點選第1圖層R_Eye 2圖層左方之眼睛圖案，此時顯示出眼睛圖層。

13. 調整第1圖層R_Eye 2眼睛之大小及位置，將Scale前方之鏈結取消，即可單獨放大或縮小x方向或y方向的尺寸大小，將Scale 設定為（93%, 73 %），並調整位置，使第1圖層R_Eye 2眼睛外圍之大小剛好遮住第3圖層R_Eye圖層眼白的部分（遮罩之作用），第3圖層R_Eye圖層之Scale不變，維持（100 %, 100 %）。

第1圖層R_Eye 2眼睛之大小及位置改變後，記得再調整錨點的中心位置，對正眼球中心。

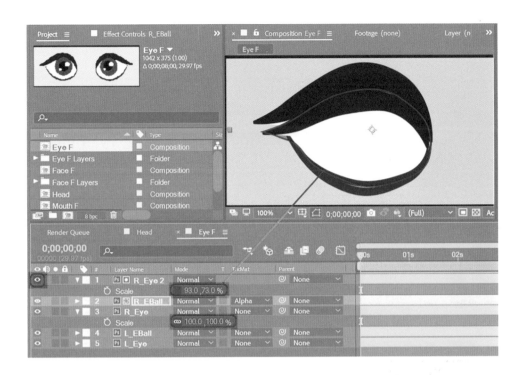

 14. 重複步驟 9 -13 之操作方法,製作及調整設定左眼球(L_EBall)和左眼
(L_Eye)之遮罩及大小位置。

15. 設定左眼及右眼眨眼睛之動作，在 Timeline 時間軸中 2 至 3 秒的之間，設定 Scale（x %, y %）變數之關鍵影格，如下表所示。

	0;00;02;00	0;00;02;15	0;00;03;00
R_Eye 2 > Scale	93 %, 73 %	93 %, 2 %	93 %, 73 %
R_Eye > Scale	100 %, 100 %	100 %, 5 %	100 %, 100 %
L_Eye 2 > Scale	93 %, 73 %	93 %, 2 %	93 %, 73 %
L_Eye > Scale	100 %, 100 %	100 %, 5 %	100 %, 100 %

16. 在 Timeline 時間為 0;00;02;15 時，右眼 R_Eye 2 及 R_Eye 之 Scale 之 y 方向尺寸分別縮小為 2 % 及 5 %。而左眼 L_Eye 2 及 L_Eye 之 Scale 之 y 方向尺寸也同樣分別縮小 2 % 及 5 %。

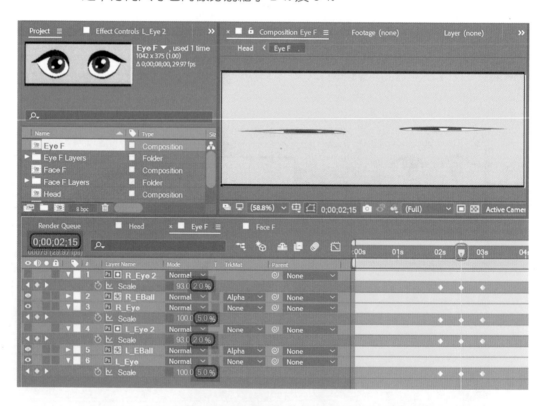

在 Timeline 時間軸中 2 至 3 秒的之間，設定 Scale（x %, y %）變數之關鍵影格決定眼睛閉合的效果，可多嘗試各種效果。

17. 重覆設定左眼及右眼眨眼睛之動作，在 Timeline 時間軸中 5 至 6 秒的之間，設定 Scale（x %, y %）變數之關鍵影格，將時間指示針移至 5 秒位置，依序圈選 R_Eye 2、R_Eye、L_Eye 2 及 L_Eye 圖層 2 至 3 秒的關鍵影格，按 Ctrl+C 複製後，再按 Ctrl+D 貼上，如下表所示。（記得時間指示針要移至 5 秒的位置喔！）

	0;00;05;00	0;00;05;15	0;00;06;00
R_Eye 2 > Scale	93 %, 73 %	93 %, 2 %	93 %, 73 %
R_Eye > Scale	100 %, 100 %	100 %, 5 %	100 %, 100 %
L_Eye 2 > Scale	93 %, 73 %	93 %, 2 %	93 %, 73 %
L_Eye > Scale	100 %, 100 %	100 %, 5 %	100 %, 100 %

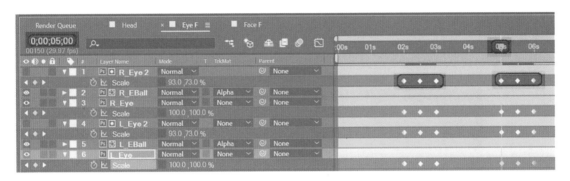

18. 設定左眼及右眼兩次眨眼睛之動作後，將時間指示針移至 0;00;05;10（5 秒 10 影格）位置，在 Composition 視窗中可發現眼睛已自動呈現半睜開狀態，Scale 寸變數之大小：（93.0, 25.7 %）及（100.0, 36.7 %），如下圖所示。

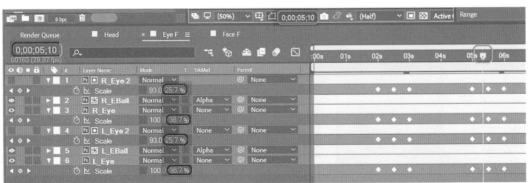

19. 圈選 R_Eye 圖層下所有 Scale 的菱形關鍵影格設定點，點按 Graph Editor（曲線編輯器）。

20. 如下圖所示之綠色線，Scale 的大小變化呈現直線轉折變化，眼睛之動作較僵硬不自然。

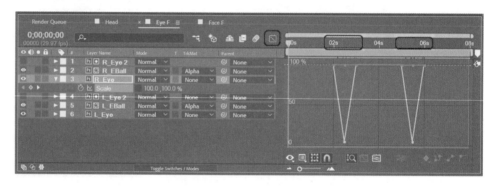

21. 圈選所有 Scale 的關鍵影格後，滑鼠右鍵點選任一 Scale 的關鍵影格（藍色菱形），在跳出的選項中，選用 Keyframe Assistant（關鍵影格助理）Easy Ease（漸入漸出）。

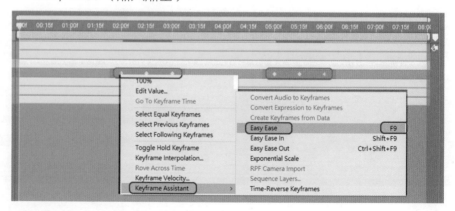

22. 如下圖所示，所有 Scale 的關鍵影格的變化呈現圓滑曲線，眼睛之動作較為自然平順。接著，重覆上面之步驟，將所有圖層下 Scale 有變化的關鍵影格修改為圓滑曲線。

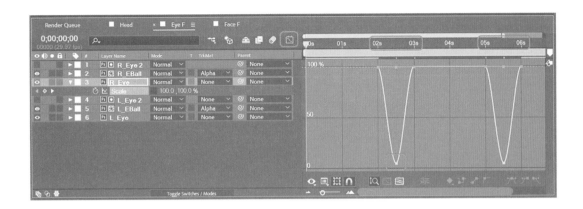

5-2 建立嘴巴動作合成檔

 1. 在 Project 視窗中，連點兩下 Mouth F 合成檔，在 Timeline （時間軸）中就會顯示 10 個圖層，每一圖層都是一種嘴巴的口型，在 Composition 視窗中顯示所有的嘴巴的口型，並且重疊在一起，如右圖所示。

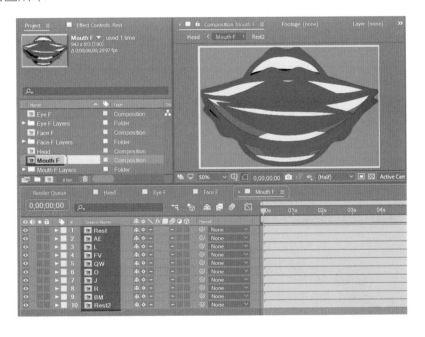

 2. 在Timeline（時間軸）中選取第1圖層到第10圖層後，同時按鍵盤
Alt＋]鍵，所有圖層的時間同時縮小至1影格。

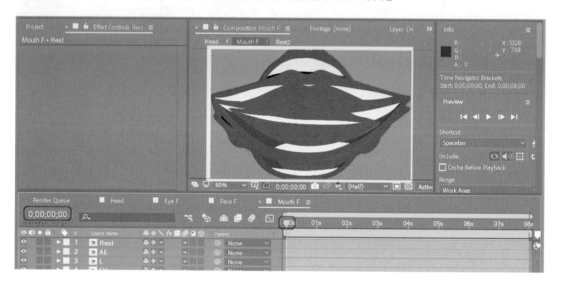

 3. 向右拖拉Timeline下方之小圓圈（Zoom in to frame level）放大影格，
如下圖所示。

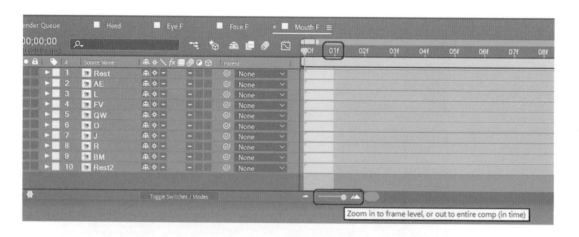

 是否更了解時間軸與圖層的使用，再試
試向右拖拉Timeline加入（Zoom in to
frame level）放大影格的效果。

4. 在 Timeline（時間軸）中選取第 1 圖層到第 10 圖層後，用滑鼠右鍵
點按 Timeline（時間軸）任一圖層後，在跳出的選項中選用 Keyframe
Assistant → Sequence Layers（序列圖層），如下圖所示。

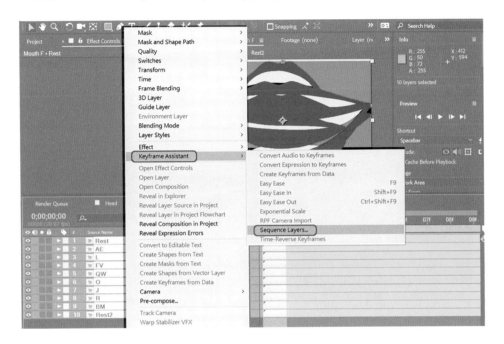

 5. 在跳出的 Sequence Layers 框中，點按 OK。

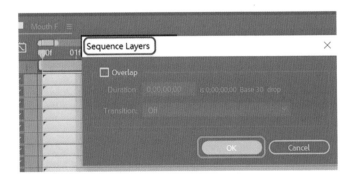

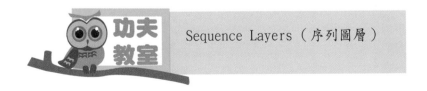
Sequence Layers（序列圖層）

 6. 在 Timeline（時間軸）中所有圖層依序由第 1 圖層排列至第 10 圖層，每一圖層的時間都是 1 影格，向左拖拉 Timeline 下方之小圓圈（Zoom in to frame level），稍微縮小影格大小，時間指示針在 0;00;00;00 位置時只顯示第 1 圖層 Rest 的圖形，如下圖所示。

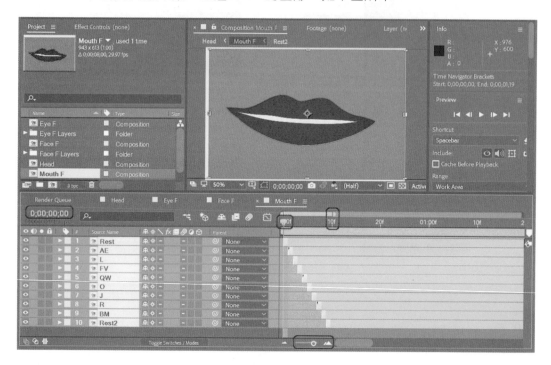

 7. 將 Timeline 時間軸工作區（Work Area）縮小至 0;00;00;10，即時間為 10 影格長度。

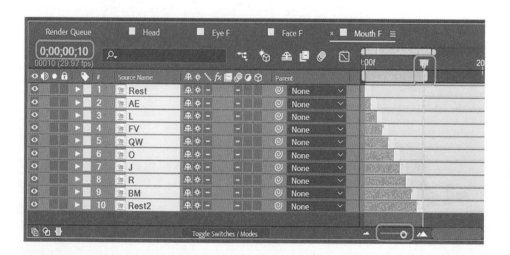

8. 用滑鼠右鍵點按 Timeline 時間軸工作區（Work Area），在跳出的選項中選用 Trim Comp to Work Area（修剪合成工作區域），如右圖所示。

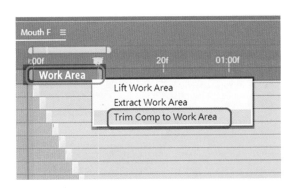

9. 此時 Timeline 時間軸工作區（Work Area）已修剪至 10 影格。當時間指示針在 0;00;00;02 位置時只顯示第 3 圖層 L 的圖形，如下圖所示。

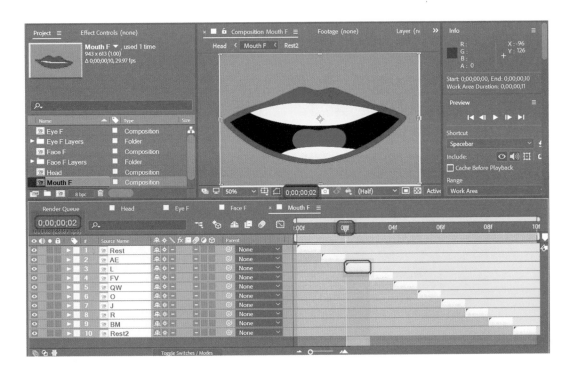

功夫教室

Trim Comp to Work Area（修剪合成工作區域）

10. 當時間指示針在 0;00;00;04 位置時只顯示第 5 圖層 QW 的圖形，如下圖所示

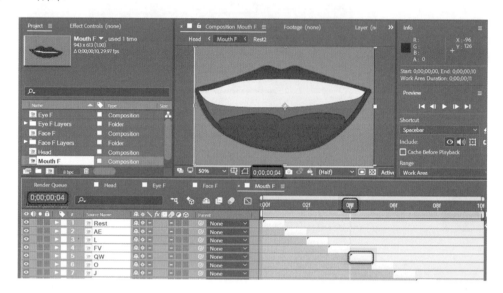

11. 再看一下其他圖層，當時間指示針在 0;00;00;08 位置時只顯示第 9 圖層 BM 的圖形，如下圖所示。

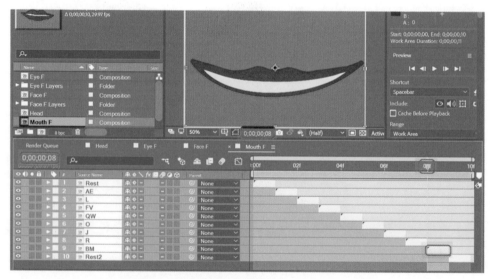

如上所示，已建立嘴巴各個時間點之嘴形。

5-3 建立頭髮飄動合成檔

1. 在 Project 視窗中，連點兩下 Face F 合成檔，在 Timeline（時間軸）中，就會顯示 8 個圖層分別為 R_Hair（右頭髮）、L_Hair（左頭髮）、Nose（鼻子）、Eye_Brow（眼眉）、Face（臉）、Body（身體）、Neck（頸）和 B_Hair（背後頭髮）。

多嘗試使用工具列中的玩偶圖釘工具（Puppet Pin Tool），了解其釘選節點之間的效果

第 **5** 堂課

2. 為了方便設定頭髮飄動，可點選第 1 圖層 R_Hair（右頭髮）左邊之白色小圓圈設定框（Solo），點選後在 Composition 視窗中只會顯示 R_Hair（右頭髮）之圖層，即單獨顯示有白色小圓圈的圖層。

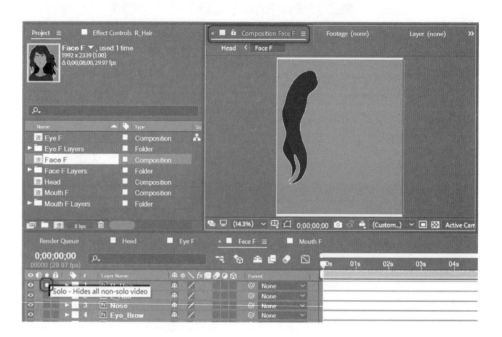

3. 點選工具列的玩偶圖釘工具（Puppet Pin Tool），在 Composition 視窗中所顯示 R_Hair（右頭髮）之圖層，放大至 25 %，依序由上到下釘在頭髮上，如下圖所示之黃色小圓圈。

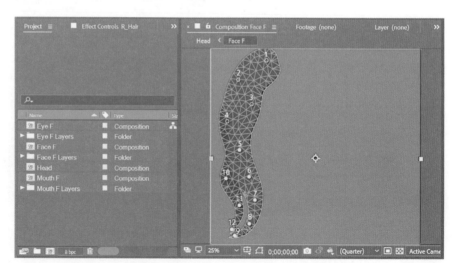

4. 在 Timeline（時間軸）中，點選第 1 圖層 R_Hair（右頭髮）左側之小
三角形箭頭▶，接著再點選 Effect 左側▶ Puppet 左側 ▶ Mesh 1 左側
▶ Deform 左側之▶，則顯示出 12 個玩偶圖釘（Puppet Pin）之變數設
定列。

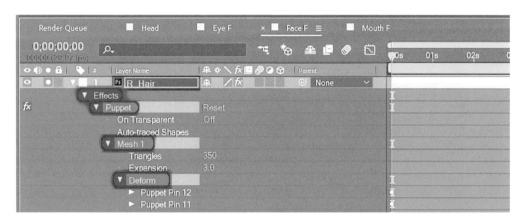

5. 在 Deform 下 同 時 選 取
Puppet Pin 5 至 Puppet
Pin 12 之變數設定列，
點 選 Puppet Pin 12 左
側之小三角形箭頭 ，
則顯示出 Puppet Pin 5
至 Puppet Pin 12 之
Position（位置）變數之
關鍵影格設定。因要製作
頭髮擺動，所以只選取頭
髮下緣之 Puppet Pin 5
至 Puppet Pin 12 之變數
設 定 列，而 Puppet Pin
1 至 Puppet Pin 4 固 定
不動。

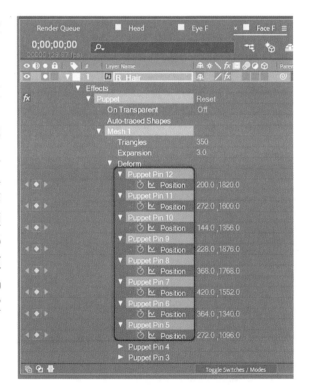

 6. 在 Composition 視窗中 R_Hair（右頭髮）之圖層中所顯示的黃色小圓圈 5 至 12，分別代表 Puppet Pin 5 至 Puppet Pin 12 之 Position（位置）變數之關鍵影格設定點。

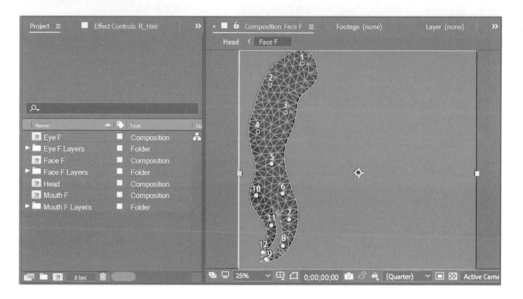

 7. Timeline 時間指示針在 0;00;00;00 位置時，Puppet Pin 5 至 Puppet Pin 12 之 Position（位置）變數之關鍵影格。

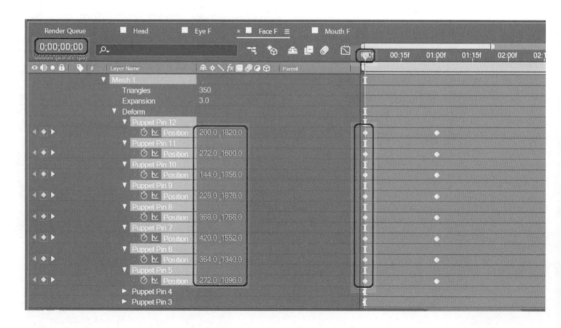

8. Timeline 時間指示針在 0;00;01;00 位置時，Puppet Pin 5 至 Puppet Pin 12 之 Position（位置）變數之關鍵影格，如下圖所示。

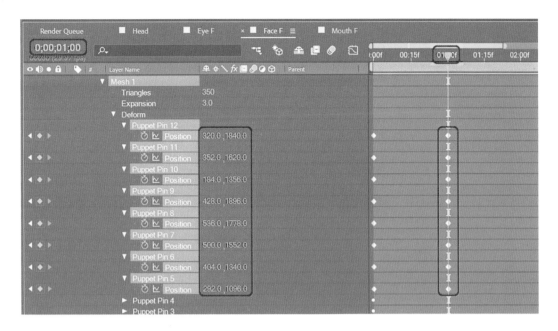

9. Timeline 時間指示針在 0;00;02;00 位置時，直接複製 Timeline 時間指示針在 0;00;00;00 位置時之 Position（位置）變數之關鍵影格，然後貼上，可使用快捷鍵 Ctrl + C（複製）及 Ctrl + V（貼上），需要注意時間指示針要停在 0;00;02;00 位置。

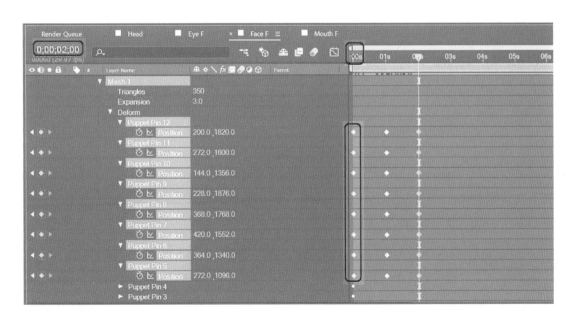

10. Timeline 時間指示針在 0;00;04;00 位置時，直接複製 Timeline 時間指示針在 0;00;01;00 位置時之 Position（位置）變數之關鍵影格，然後貼上。

11. Timeline 時間指示針在 0;00;05;00 位置時，直接複製 Timeline 時間指示針在 0;00;02;00 位置時之 Position（位置）變數之關鍵影格，然後貼上

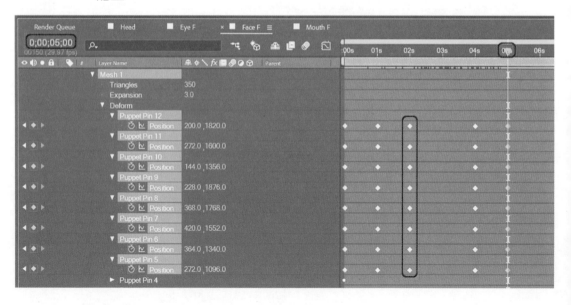

12. Timeline 時間指示針在 0;00;06;00 位置時,直接複製 Timeline 時間指示針在 0;00;04;00 位置時之 Position (位置) 變數之關鍵影格,然後貼上。Timeline 時間指示針在 0;00;07;00 位置時,直接複製 Timeline 時間指示針在 0;00;05;00 位置時之 Position (位置) 變數之關鍵影格,然後貼上。

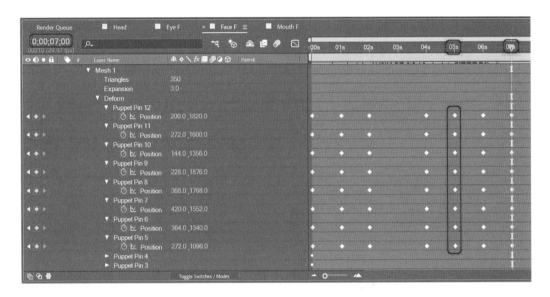

在 Timeline 不同的時間下,R_Hair (右頭髮) 之 Position 關鍵影格設定:

R_Hair ▶ Effects ▶ Puppet ▶ Mesh 1 ▶ Deform	0;00;00;00 0;00;02;00 0;00;05;00 0;00;07;00	0;00;01;00 0;00;04;00 0;00;06;00
Puppet Pin 12	200, 1820	320, 1840
Puppet Pin 11	272, 1600	352, 1620
Puppet Pin 10	144, 1356	184, 1356
Puppet Pin 9	228, 1876	428, 1896
Puppet Pin 8	368, 1768	536, 1778
Puppet Pin 7	420, 1552	500, 1552
Puppet Pin 6	364, 1340	404, 1340
Puppet Pin 5	272, 1096	292, 1096

13. 全選 Puppet Pin 5 至 Puppet Pin 12 之 Position （位置）變數之關鍵影格，使用滑鼠右鍵點選菱形關鍵影格，在跳出之選單中選用 Keyframe Assistant （關鍵影格助理） ▶ Easy Ease （漸入漸出），使頭髮擺動之動作較圓滑順暢。接著，全選 Puppet Pin 10 至 Puppet Pin 12 之 Position （位置）變數之關鍵影格，向右拖拉至 Timeline 時間 0;00;00;08 位置，使頭髮之擺動較為自然。

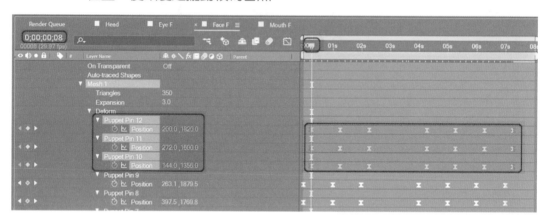

14. 點選第 2 圖層 L_Hair （左頭髮）左邊之白色小圓圈設定框，點選後在 Composition 視窗中只會顯示 L_Hair （左頭髮）之圖層，即單獨顯示有白色小圓圈的圖層。並點選第 1 圖層 R_Hair （右頭髮）左邊之鎖頭 （Lock）圖樣之方框，以免不小心編輯到第 1 圖層。

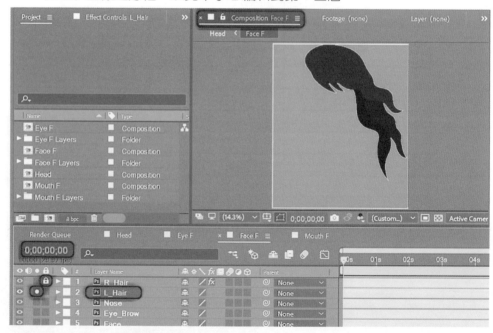

15. 點選工具列的玩偶圖釘工具（Puppet Pin Tool），在 Composition 視窗中所顯示 L_Hair（左頭髮）之圖層，放大至 25 %，依序由上到下釘在頭髮上，如下圖所示之黃色小圓圈。

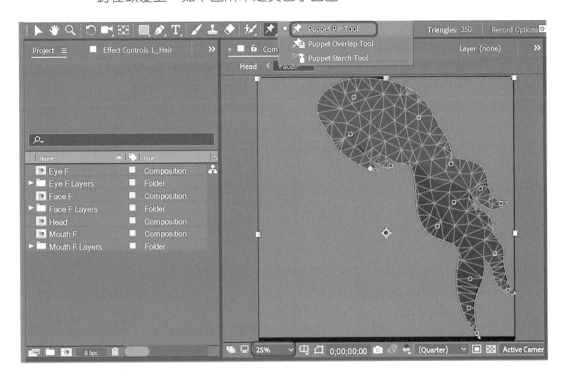

 16. 在 Timeline（時間軸）中，點選第 2 圖層 L_Hair（左頭髮）左側之小三角形箭頭 ▶，接著再點選 Effect 左側之 ▶→ Puppet 左側之 ▶→ Mesh 1 左側之 ▶→ Deform 左側之 ▶，則顯示出 15 個玩偶圖釘（Puppet Pin）之變數設定列。製作頭髮擺動，選取 Deform 下之 Puppet Pin 4 至 Puppet Pin 15 之變數設定列，點選 Puppet Pin 15 左側之小三角形箭頭 ▶，則顯示出 Puppet Pin 4 至 Puppet Pin 15 之 Position（位置）變數之關鍵影格設定。

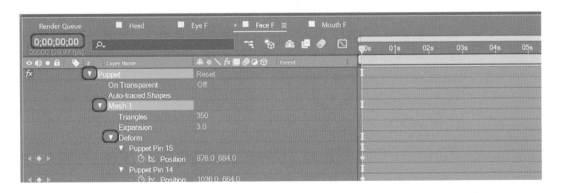

 17. 在 Composition 視窗
中 L_Hair（左頭髮）
之圖層中所顯示的黃
色小圓圈1至15，分
別代表 Puppet Pin 1
至 Puppet Pin 15 之
Position（位置）變
數之關鍵影格設定點。

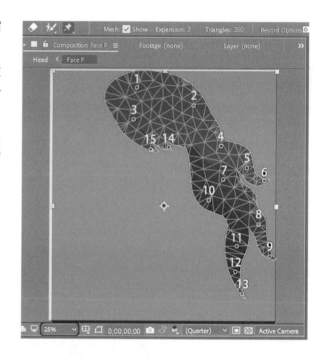

 18. 重覆前面製作 R_Hair 之操作步
驟來製作 L_Hair 之擺動。全選
Puppet Pin 4 至 Puppet Pin
15 之 Position 變數之關鍵影
格，依 Timeline 時間的不同，
設定 Puppet Pin 4 至 Puppet
Pin 15 之 Position 變數之關
鍵影格。全選 Puppet Pin 4
至 Puppet Pin 15 之 Position
變數之關鍵影格，使用滑鼠
右鍵點選菱形關鍵影格，在
跳出之選單中選用 Keyframe
Assistant（關鍵影格助理）
→ Easy Ease（漸入漸出），
使頭髮擺動之動作較圓滑順
暢。

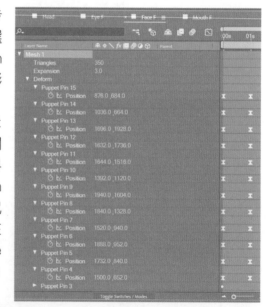

在 Timeline 不同的時間下，L_Hair（左頭髮）之 Position 關鍵影格設定：

L_Hair ▶Effects ▶Puppet ▶Mesh 1 ▶Deform	0;00;00;00 0;00;02;00 0;00;05;00 0;00;07;00	0;00;01;00 0;00;04;00 0;00;06;00
Puppet Pin 15	876, 684	896, 684
Puppet Pin 14	1036, 664	1066, 664
Puppet Pin 13	1696, 1928	1896, 1928
Puppet Pin 12	1632, 1736	1792, 1736
Puppet Pin 11	1644, 1516	1764, 1516
Puppet Pin 10	1392, 1120	1472, 1120
Puppet Pin 9	1940, 1604	2100, 1604
Puppet Pin 8	1840, 1328	1960, 1328
Puppet Pin 7	1520, 940	1560, 940
Puppet Pin 6	1888, 952	1968, 952
Puppet Pin 5	1732, 840	1772, 840
Puppet Pin 4	1500, 652	1520, 652

19. 接著，全選 Puppet Pin 5 至 Puppet Pin 6 之 Position 變數之關鍵影格，
向右拖拉至 Timeline 時間 0;00;00;08 位置，並全選 Puppet Pin 11 至
Puppet Pin 13 之 Position 變數之關鍵影格，向右拖拉至 Timeline 時
間 0;00;00;08 位置，使頭髮之擺動較為自然。

若想讓頭髮的擺動看起來更自然，可把關鍵影格之
設定向前或向後微調。

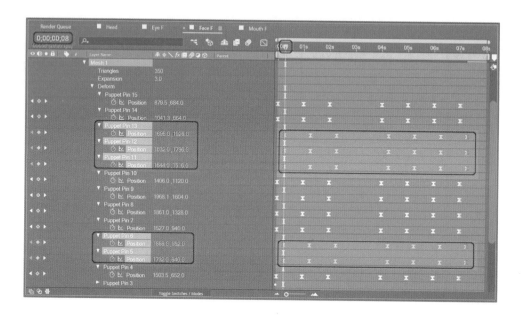

20. 重覆前面製作R_Hair（右頭髮）之操作步驟來製作B_Hair（背後頭髮）之擺動。全選Puppet Pin 4至Puppet Pin 9之Position 變數之關鍵影格，依Timeline時間的不同，設定Puppet Pin 4至Puppet Pin 9之Position變數之關鍵影格。全選Puppet Pin 4至Puppet Pin 9之Position 變數之關鍵影格，使用滑鼠右鍵點選菱形關鍵影格，在跳出之選單中選用Keyframe Assistant（關鍵影格助理）→ Easy Ease（簡單漸入漸出），使頭髮擺動之動作較圓滑順暢。

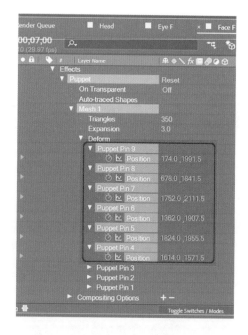

在 Timeline 不同的時間下，B_Hair（背後頭髮）之 Position 關鍵影格設定：

B_Hair ▶Effects ▶Puppet ▶Mesh 1 ▶Deform	0;00;00;00 0;00;02;00 0;00;05;00 0;00;07;00	0;00;01;00 0;00;04;00 0;00;06;00
Puppet Pin 9	174, 1991.5	214, 1991.5
Puppet Pin 8	678, 1841.5	698, 1841.5
Puppet Pin 7	1750, 2111.5	1790, 2111.5
Puppet Pin 6	1362, 1907.5	1382, 1907.5
Puppet Pin 5	1824, 1955.5	1864, 1955.5
Puppet Pin 4	1614, 1571.5	1634, 1571.5

 21. 在 Composition 視窗中 B_Hair（背後頭髮）之圖層中所顯示的黃色小圓圈 1 至 9，分別代表 Puppet Pin 1 至 Puppet Pin 9 之 Position（位置）變數之關鍵影格設定點。

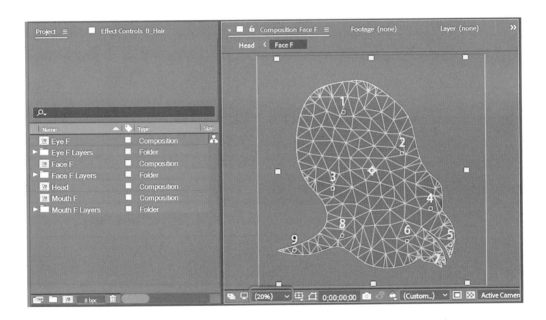

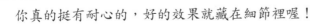

你真的挺有耐心的，好的效果就藏在細節裡喔！

 22. 接著，全選 Puppet Pin 4 至 Puppet Pin 5 之 Position（位置）變數之關鍵影格，向右拖拉至 Timeline 時間 0;00;00;08 位置，並全選 Puppet Pin 8 至 Puppet Pin 9 之 Position（位置）變數之關鍵影格，向右拖拉至 Timeline 時間 0;00;00;08 位置。

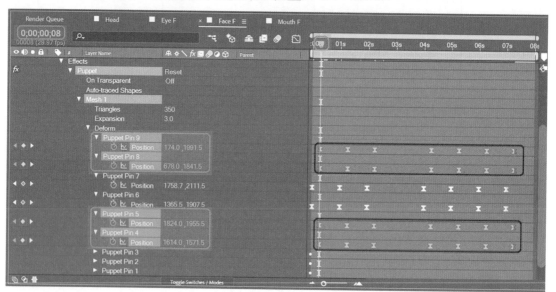

 23. 簡單設定 Eye_Brow（眼眉）之上下擺動，在 Composition 視窗中 B_Hair（背後頭髮）之圖層中所顯示的黃色小圓圈 1 至 9，分別代表 Puppet Pin 1 至 Puppet Pin 9 之 Position（位置）變數之關鍵影格設定點。

在 Timeline 不同的時間下，Eye_Brow（眼眉）之 Position 關鍵影格設定：

Eye_Brow	0;00;02;00 0;00;05;00	0;00;02;15 0;00;05;15	0;00;03;00 0;00;06;00
Position	1200, 1200	1200, 1212	1200, 1200

如上所示，已建立頭髮之飄動動畫動作。

5-4 建立眼口髮動作合成檔

 1. 在 Project 視窗中，連點兩下 Head 合成檔，並把 Eye F、Mouth F 和 Face F 合成檔拖拉至 Timeline（時間軸）中，並適當調整各圖層的位置及大小，將 Eye F 圖層縮小至 33%，將 Mouth F 圖層縮小至 15%，以及將 Face F 圖層縮小至 40%。

建立合成檔是最後也是最重要的步驟，在已建構好的圖層與元素中細心加入時間軸的設定，影片就快呼之欲出了。

 2. Timeline（時間軸）中點選 Mouth F 合成檔，點按滑鼠右鍵，在跳出的
選項中選擇 Time → Enable Time Remapping（開啟時間映射）。

3. 在 Mouth F 圖層下方的 Time Remap 會自動將圖層的頭尾設定好關鍵影格，圖層的頭尾是指 Mouth F 合成檔之時間由 0;00;00;00 至 0;00;00;10。

4. 向左拖拉 Timeline 下方之小圓圈（Zoom in to frame level），放大時間影格大小，當時間指示針在 0;00;00;00 位置時，在 Mouth F 圖層下方的 Time Remap 變數修改為 0;00;00;04，Composition 視窗中就跳到第 5 圖層的 QW 嘴巴圖形，如下圖所示。

5. 當時間指示針在 0;00;00;00 位置時，在 Mouth F 圖層下方的 Time Remap 變數修改為 0;00;00;03，Composition 視窗中就跳到第 4 圖層的 FV 嘴巴圖形，如下圖所示。

 6. 當時間指示針在 0;00;00;00 位置時，在 Mouth F 圖層下方的 Time
　　Remap 變數修改為 0;00;00;08，Composition 視窗中就跳到第 9 圖層的
　　BM 嘴巴圖形，如下圖所示。

7. 選取在 Mouth F 圖層下方 Time Remap 變數的兩個關鍵影格，在菱形的關鍵影格點上點按滑鼠右鍵，在跳出的選項中選用 Toggle Hold Keyframe （切換關鍵影格）。

 8. 在 Mouth F 圖層下方 Time Remap 變數的兩個關鍵影格點之形狀，由菱形變為五角形。使用 Toggle Hold Keyframe （切換關鍵影格）功能，可以在任一時間點上隨意切換嘴巴圖形，即改變 Time Remap 變數由 0 到 10，就改變嘴形。

使 用 Toggle Hold Keyframe （切換關鍵影格）功能，可以在任一時間點上隨意切換嘴巴圖形

 9. 清除第二個五角形的切換關鍵影格 (Toggle Hold Keyframe)，如下圖
所示，雖然時間指示針在 0;00;03;11 位置，但 Composition 視窗中所
顯示的嘴巴圖形是第 1 圖層的 Rest 嘴巴圖形。

 10. 根據說話的速度及嘴形的轉換，依序移動時間指示針並設定 Time Remap
變數的數值。Timeline 的時間指示針在 0;00;00;05 時，Time Remap 的
數值設為 0;00;00;04。

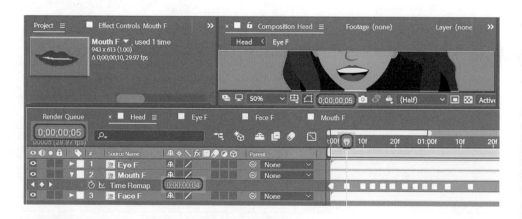

11. Timeline 的時間指示針在 0;00;00;10 時，Time Remap 的數值設為 0;00;00;01。

12. Timeline 的時間指示針在 0;00;00;13 時，Time Remap 的數值設為 0;00;00;02。

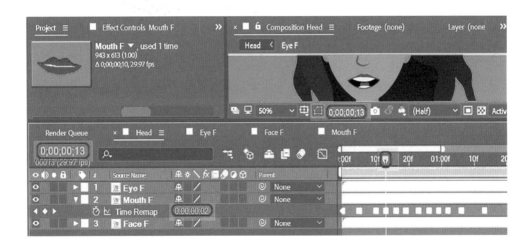

根據說話的速度及嘴形的轉換，依序移動時間指示針並設定 Time Remap 變數的數值。

 13. 重覆前面之步驟及方法，依序移動 Timeline 的時間指示針，以及設定 Time Remap 的數值。其設定結果如下表及下圖所示。

在 Timeline 不同的時間下，Time Remap 數值的設定：

Timeline	0	5	10	13	16	19	23	26	29	1;02	1;06	1;13
Time Remap	0	4	1	2	5	1	6	8	3	2	4	0
Mouth F 合成檔圖層	Rest	FV	AE	L	O	AE	J	BM	FV	L	QW	Rest

 14. 重覆前面之步驟及方法製作第 2 段說話，依序移動 Timeline 的時間指示針，以及設定 Time Remap 的數值。其設定結果如下表及下圖所示。

在 Timeline 不同的時間下，Time Remap 數值的設定：

Timeline	5;00	5;04	5;08	5;13	5;17	5;21	5;25	5;29	6;03
Time Remap	3	4	8	7	6	2	3	4	0
Mouth F 合成檔圖層	FV	QW	BM	R	J	L	FV	QW	Rest

使用 Time Remap 數值的設定，可依各人說話的速度及口語，對照各種嘴型來配合，既方便又省時。只需幾張眼睛、嘴巴及頭髮，利用 Track Matte，Sequence Layers，Enable Time Remapping 及 Time Remap 變數來設定嘴巴說話的動作，以及工具列的玩偶圖釘工具（Puppet Pin Tool），就可做出眨眼睛、頭髮飄動及嘴巴說話的動畫動作。

好棒！你又完成了一課～～繼續接受挑戰吧！

1. **製作電視播報新聞畫面。**
   將已完成的眼、口、髮的動畫動作合成檔及有電視機的客廳場景,放入新建立的合成檔中,使用 Corner Pin 特效編輯製作,並可輸入播報新聞文字。

2. **製作鏡像之動畫,如浴室或化妝台。** 如上之方式,使用 Corner Pin 及 Mirror 特效編輯製作。

3. **錄製一段個人說話之影片,** 配合說話及嘴形,調整及製作眼、口、髮的動畫動作合成檔。

Lesson6

第6堂課
蘆葦擺動動作動畫

只需一根蘆葦,就可製作出一整片隨風搖曳的蘆葦動畫場景。

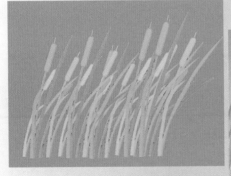

蘆葦擺動動作動畫

一大片蘆葦、水稻、草原或麥田等動畫場景常常出現在動畫影片中，以傳統的繪製方式來製作幾根蘆葦或大麥的連續圖案，尚可輕易完成，若是要繪製上百根或是一整片隨風搖曳的蘆葦或稻草的動畫場景，可能需要一些時間才能完成。

利用 Adobe After Effects 特效合成的軟體，可使用免費的外掛程式 Duik_15.52_installer，再結合工具列的玩偶圖釘工具 (Puppet Pin Tool) 來製作蘆葦或稻草的根莖及葉片的搖擺動作，運用複製功能改變尺寸大小、旋轉及位置變化，即可製作出一整片隨風搖曳的蘆葦或大麥的動畫場景。

6-1 製作蘆葦擺動動作

 1. 開啟 After Effects CC 後點選 New Composition（新合成），跳出 Composition Settings（合成設定）視窗。

 2. 點選工具列 File → Import → File，匯入 Photoshop 圖檔：Reed F，Import As: Composition，點按 Import 按鍵。

 3. 在 Project 視窗中，連點兩下 Reed F 合成檔，在 Timeline（時間軸）中，就會顯示 3 個圖層，分別為 Leaf 1（葉片 1）、Reed（蘆葦）和 Leaf 2（葉片 2）。

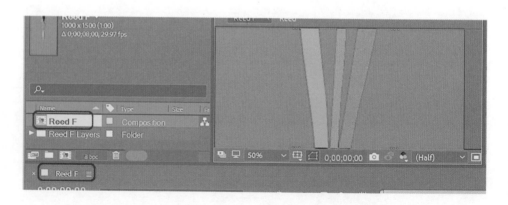

4. 全選 3 個圖層 Leaf 1、Reed 和 Leaf 2，點按鍵盤 S 鍵，將跳出的 Scale 變數之數值縮小至 20 %。

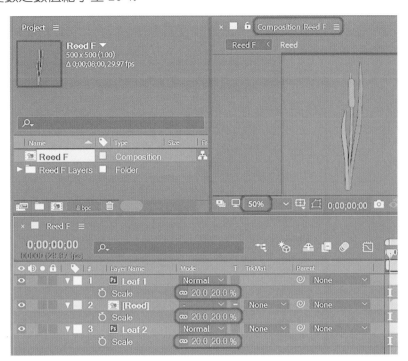

5. 在 Timeline（時間軸）視窗中，點一下滑鼠右鍵，在跳出的 Composition Settings（合成設定）視窗中，Preset（預設）的下拉選單中選擇 Custom，Width: 500 px，Height: 500 px，Frame Rate: 29.97 fps，Duration 設定 8 秒 0;00;08;00，設定完成後點按 OK 按鈕，先在較小的視窗中設定蘆葦的擺動動作。

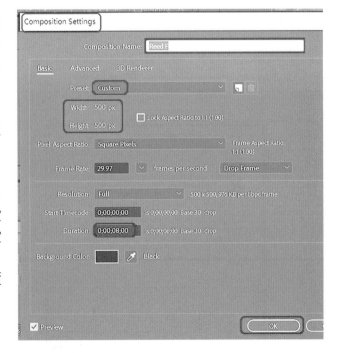

 6. 在資料夾中找到免費的外掛程式 Duik_15.52_installer，點按執行外掛程式 Duik_15.52。

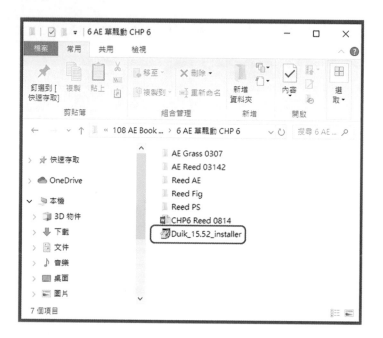

 7. 勾選 Adobe After Effects CC 2018 後，點按 Next 下一步。

 8. 勾選 Duik 下方的框框，點按 Install 安裝程式。

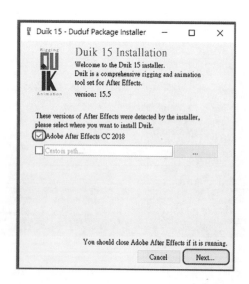

9. 點選工具列 Edit→Preferences（喜好設定）→General（一般）。

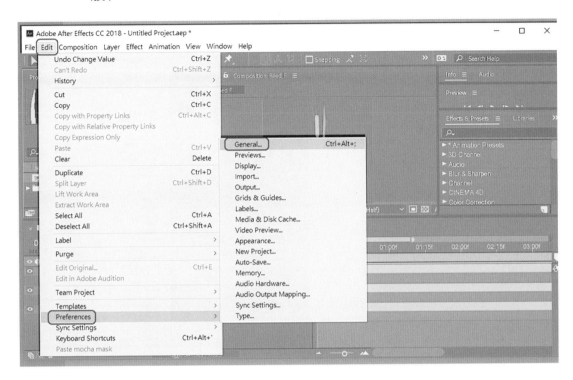

10. 在跳出來的選單中，勾選 Allow Scripts to Write Files and Access Network 允許將程式寫入，然後點按 OK。

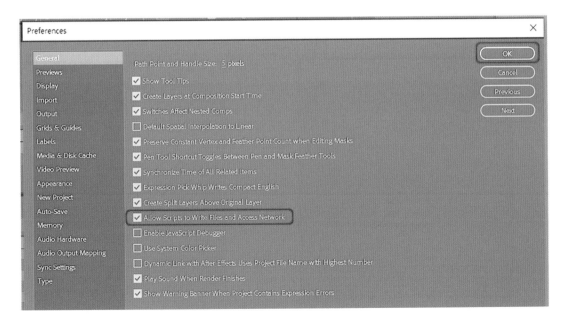

 11. 點選工具列 Window，在跳出來的選單中，點 按 Duik.jsx。(若無此選項，則須關掉 After Effects 後 再重新開啟)。

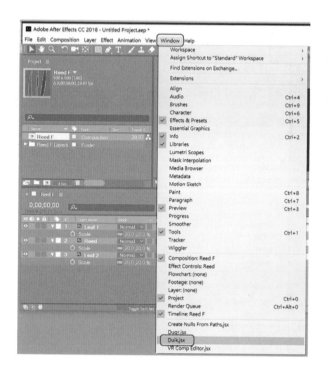

 12. 在跳出來的面板中，點按 Launch Duik (啟動 Duik)。

 13. 如下顯示之面板，即為 Duik 之工作面板及功能選項。

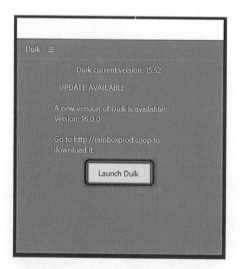

14. 選取 Timeline（時間軸）中 Leaf 1 圖層，並將 Composition 視窗放大至 200 %，以便將錨點移至 Leaf 1 圖層（葉片 1）的下緣，使用工具列之錨點工具（Anchor Point Tool），將 Leaf 1 圖層的錨點移至葉片 1 的下緣。接著，也將 Reed（蘆葦）和 Leaf 2（葉片 2）圖層的錨點移至下緣位置。

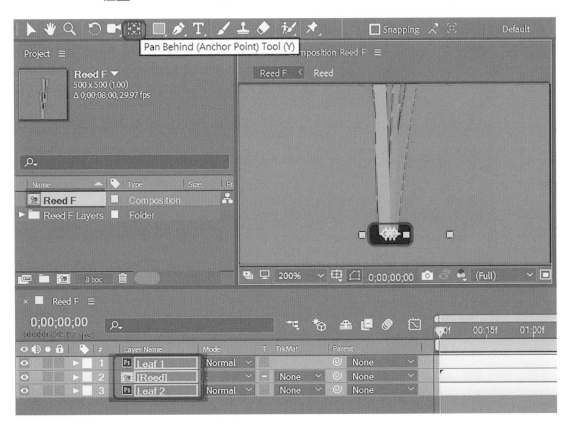

 15. 點選工具列的玩偶圖釘工具（Puppet Pin Tool），將 Composition 視窗中所顯示 Leaf 1（葉片 1）之圖層放大至 100 %，依序由下到上釘在葉片上，如下圖所示之黃色小圓圈。為了方便設定葉片擺動，可點選在 Timeline 中第 1 圖層 Leaf 1（葉片 1）左邊之白色小圓圈設定框，點選後在 Composition 視窗中只會顯示 Leaf 1（葉片 1）之圖層，即單獨顯示有白色小圓圈的圖層。

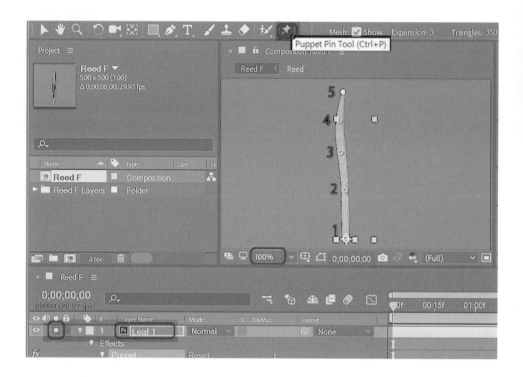

16. 在Timeline（時間軸）中，點選Leaf 1（葉片1）左側之小三角形箭頭▶，接著再點選 Effect 左側▶→ Puppet 左側▶→ Mesh 1左側▶→ Deform 左側▶，則顯示出5個玩偶圖釘（Puppet Pin）之變數設定列。全選5個玩偶圖釘變數設定列（Puppet Pin 1 ~ 5），點按 Duik 工作面板中的 Bones（骨頭），將 Leaf 1（葉片1）中的5個玩偶圖釘綁定成骨頭，即每一個玩偶圖釘的移動或旋轉都會互相影響。

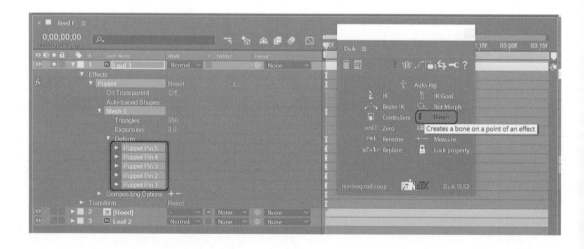

17. 在 Timeline（時間軸）中，自動顯示 5 個骨頭圖釘（B_Puppet Pin 1~5）圖層。

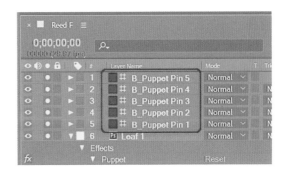

18. Composition 視窗中顯示 Leaf 1（葉片 1）圖層的 5 個紅色方形骨頭圖釘（B_Puppet Pin 1~5）。

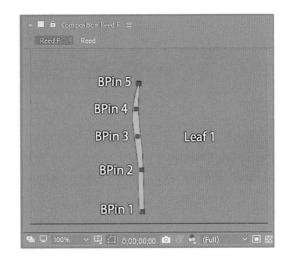

19. 將 5 個骨頭圖釘（B_Puppet Pin 1~5）圖層作父子關係（Parent）連結，第 1 圖層的 B_Puppet Pin 5 連結到第 2 圖層的 B_Puppet Pin 4，餘此類推。

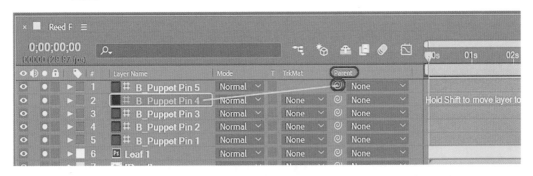

點按 Duik 工作面板中的 Bones（骨頭），將 Leaf 1（葉片 1）中的 5 個玩偶圖釘綁定成骨頭，即每一個玩偶圖釘的移動或旋轉都會互相影響。

 20. 如下圖所示為連結完成的骨頭圖釘（B_Puppet Pin 1~5）圖層之父子關係（Parent）。

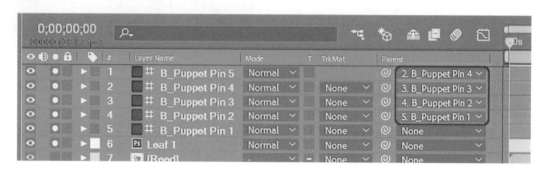

 21. 在Timeline（時間軸）中，選取第2圖層的B_Puppet Pin 4到第5圖層的B_Puppet Pin 1，共4個圖層，點按鍵盤R鍵，在各圖層下方顯示Rotation旋轉變數之關鍵影格，依序移動時間指示針並設定Rotation旋轉變數之角度，如下表及下圖所示為所設定之時間及旋轉角度。

在 Timeline 不同的時間下，Leaf 1(葉片 1) 之 Rotation 關鍵影格設定：

Leaf 1 Rotation	0;00;00;00 0;00;08;00	0;00;01;00 0;00;05;00	0;00;01;15 0;00;06;00	0;00;02;15 0;00;07;00	0;00;03;15
B_Puppet Pin 4	0x+0.0	0x+7.0	0x-5.0	0x+15.0	0x-5.0
B_Puppet Pin 3	0x+0.0	0x+7.0	0x-5.0	0x+15.0	0x-5.0
B_Puppet Pin 2	0x+0.0	0x+7.0	0x-5.0	0x+15.0	0x-5.0
B_Puppet Pin 1	0x+0.0	0x+7.0	0x-5.0	0x+15.0	0x-5.0

22. 在 Timeline 時間 0;00;07;00 時，選取第 2 圖層的 B_Puppet Pin 4 到第 5 圖層的 B_Puppet Pin 1 的 Rotation 旋轉角度全部設定為 0x+15.0 。

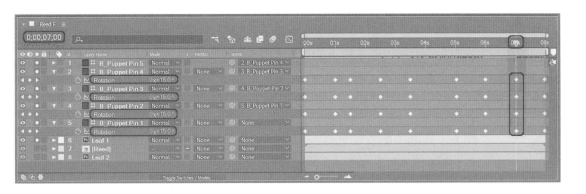

 23. Composition 視窗中顯示 Timeline 時間 0;00;07;00 時，第 2 圖層的 B_Puppet Pin 4 到第 5 圖層的 B_Puppet Pin 1 的 Rotation 旋轉角度設定為 0x+15.0 時之葉片彎曲程度。

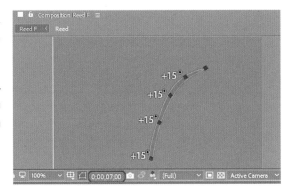

葉片彎曲程度設定與Rotation 旋轉角度有關，可多嘗試幾次。

 24. 將所有 Rotation 旋轉角度設定之關鍵影格，全選後按快捷鍵 F9，即所有動作都變為平滑的漸入漸出，

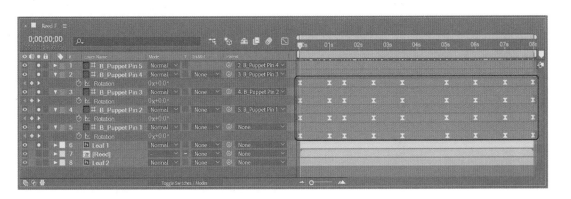

25. 重覆之前製作葉片之方法來製作蘆葦之擺動。點選工具列的玩偶圖釘工具
（Puppet Pin Tool），將 Composition 視窗中所顯示 Reed（蘆葦）之圖層
放大至 100 %，依序由下到上釘在蘆葦上。

26. 在 Timeline(時間軸)中，點選 Reed(蘆葦)左側之小三角形箭頭 ▶，接
著再點選 Effect 左側 ▶ → Puppet 左側▶→ Mesh 1 左側▶→ Deform 左
側 ▶，則顯示出 5 個玩偶圖釘（Puppet Pin 1~5）之變數設定列。點按滑
鼠右鍵在 Puppet Pin 1 之變數設定列，在跳出之選項中選用 Rename，依
序將名稱修改為 R1 至 R5。

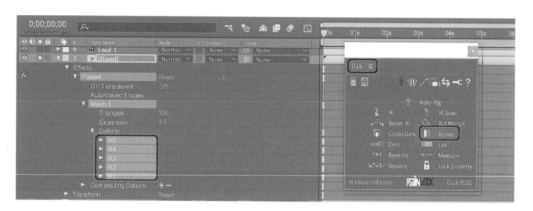

27. 全選 5 個玩偶圖釘變數設定列（R1 ~ R5），點按 Duik 工作面板中的
Bones（骨頭），將 Reed（蘆葦）中的 5 個玩偶圖釘綁定成骨頭。將 5
個骨頭圖釘（B_R1~5）之圖層作父子關係（Parent）的連結，如下圖所示。

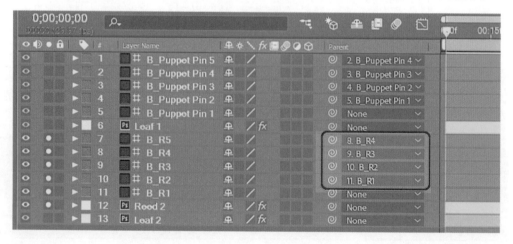

28. Composition 視窗中顯示 Reed
（蘆葦）圖層的 5 個紅色方形
骨頭圖釘（B_R1~5）。

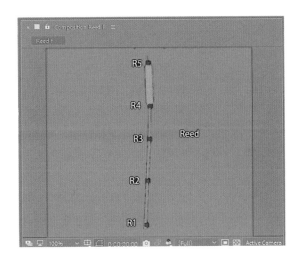

記得葉片或蘆葦綁定成骨頭名
稱可不要一樣，以免設定動作
時造成錯亂。

29. 在 Timeline（時間軸）中，選取第 8 圖層的 B_R4 到第 11 圖層的 B_R1，
共 4 個圖層，點按鍵盤 R 鑑，在各圖層下方顯示 Rotation 旋轉變數之關
鍵影格，依序移動時間指示針並設定 Rotation 旋轉變數之角度，如下表
及下圖所示為所設定之時間及旋轉角度。

30. 將所有 Rotation 旋轉角度設定之關鍵影格，全選後按快捷鍵 F9，即所有
動作都變為平滑的漸入漸出。

在 Timeline 不同的時間下，Reed（蘆葦）之 Rotation 關鍵影格設定：

Reed Rotation	0;00;00;00 0;00;08;00	0;00;01;00 0;00;05;00	0;00;01;15 0;00;06;00	0;00;02;15 0;00;07;00	0;00;03;15
B_R4	0x+0.0	0x+4.0	0x-3.0	0x+10.0	0x-3.0
B_R3	0x+0.0	0x+4.0	0x-3.0	0x+10.0	0x-3.0
B_R2	0x+0.0	0x+4.0	0x-3.0	0x+10.0	0x-3.0
B_R1	0x+0.0	0x+4.0	0x-3.0	0x+10.0	0x-3.0

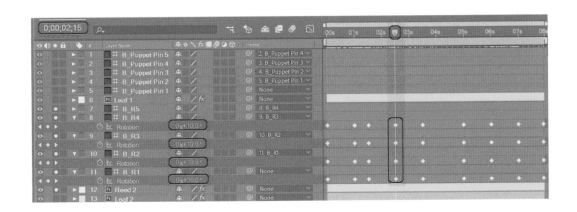

31. 重覆之前製作 Leaf 1 葉片之方法來製作 Leaf 2 葉片之擺動。因此省略製作步驟。在 Timeline（時間軸）中，選取第 14 圖層的 B_L4 到第 17 圖層的 B_L1，共 4 個圖層，點按鍵盤 R 鍵，在各圖層下方顯示 Rotation 旋轉變數之關鍵影格，依序移動時間指示針並設定 Rotation 旋轉變數之角度，如下表及下圖所示為所設定之時間及旋轉角度。

32. 將所有 Rotation 旋轉角度設定之關鍵影格，全選後按快捷鍵 F9，即所有動作都變為平滑的漸入漸出。

在 Timeline 不同的時間下，Leaf 2（葉片 2）之 Rotation 關鍵影格設定：

Leaf 2 Rotation	0;00;00;00 0;00;08;00	0;00;01;00 0;00;05;00	0;00;01;15 0;00;06;00	0;00;02;15 0;00;07;00	0;00;03;15
B_L4	0x+0.0	0x+9.0	0x-7.0	0x+16.0	0x-7.0
B_L3	0x+0.0	0x+9.0	0x-7.0	0x+16.0	0x-7.0
B_L2	0x+0.0	0x+9.0	0x-7.0	0x+16.0	0x-7.0
B_L1	0x+0.0	0x+9.0	0x-7.0	0x+16.0	0x-7.0

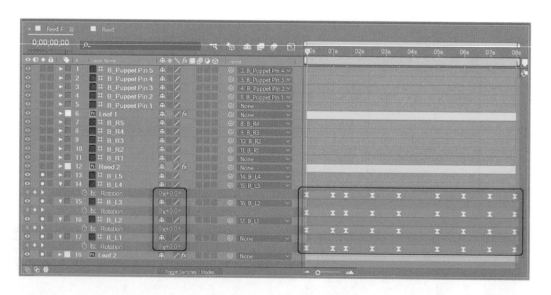

※ 重複製作 Leaf 1 葉片之方法來製作 Leaf 2 葉片之擺動，可以翻回前面重複作業並試試自己是否已記起來了喔！

33. 隱藏所有綁定的骨頭圖層，即紅色之方塊，並修改分別屬於 Leaf 1、Reed 及 Leaf 2 綁定的骨頭圖層之標籤顏色。

34. 將 B_Puppet Pin 2、B_R2 及 B_L2 圖層之起始時間往後 2 個影格，接著將 B_Puppet Pin 3、B_R3 及 B_L3 圖層之起始時間往後 4 個影格，最後將 B_Puppet Pin 4、B_R4 及 B_L4 圖層之起始時間往後 6 個影格，讓葉片及蘆葦之擺動更自然，如下圖所示。

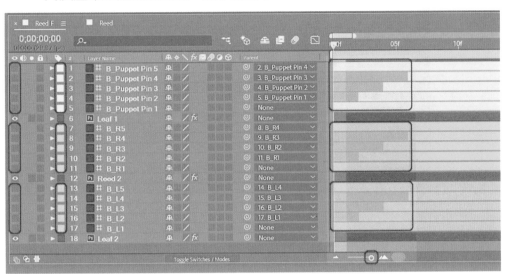

35. 在 Project 視窗中，點選 Reed F 合成檔，連按 Ctrl+D 快捷鍵 3 次，複製出 3 個相同的檔案：Reed F 2、Reed F 3、Reed F 4，如下圖所示。

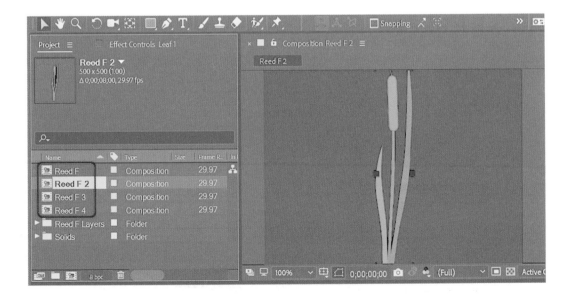

 36. 在 Project 視窗中，連點兩下 Reed F 2合成檔後，立刻顯示圖層在 Timeline 中，選擇 Leaf 1圖層，加入 Effect → Color Correction → Hue/Saturation， 調 整 Master Saturation 至 12， 調 整 Master Lightness 至 12，讓葉片亮一點。依同樣地方式及調整的數值，再製作 Reed 及 Leaf 1圖層。

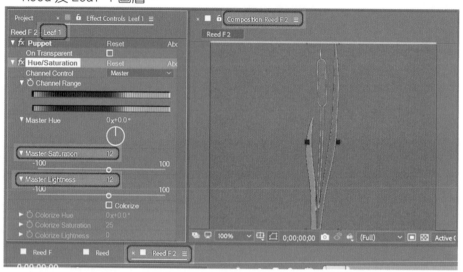

 37. 重覆前一步驟，在 Project 視窗中，連點兩下 Reed F 3合成檔後，立 刻顯示圖層在 Timeline 中，選擇 Leaf 1圖層，加入 Effect → Color Correction → Hue/Saturation，提高 Master Saturation 至 18，提高 Master Lightness 至 18，讓葉片再更亮一些。依此方式及調整的數值， 再製作 Reed 及 Leaf 1圖層。

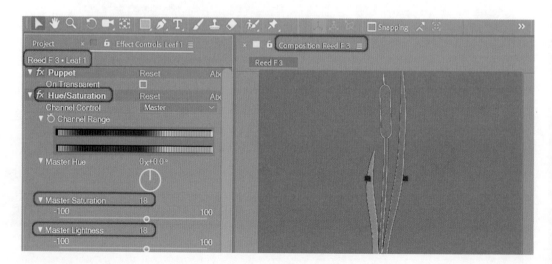

38. 重覆前一步驟，在 Project 視窗中，連點兩下 Reed F 4 合成檔後，立刻顯示圖層在 Timeline 中，選擇 Leaf 1 圖層，加入 Effect → Color Correction → Hue/Saturation，降低 Master Saturation 至 -10，降低 Master Lightness 至 -10，讓葉片再更暗一些。依此方式及調整的數值，再製作 Reed 及 Leaf 1 圖層。

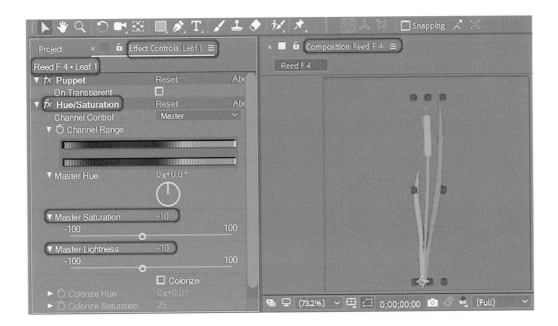

6-2 製作一簇簇蘆葦擺動動作

1. 點選工具列 Composition → New Composition 開新的合成檔，跳出 Composition Settings 視窗中，Composition Name: Reed 4F，Preset（預設）的下拉選單中選擇 Custom，Width: 700 px，Height: 500 px，Frame Rate（影格速率）: 29.97 fps，Duration 設定 8 秒 0;00;08;00，設定完成後點按 OK 按鈕。

2. 在 Project 視窗中，將 4 個合成檔 Reed F、Reed F 2、Reed F 3 及 Reed F 4 拖拉至 Reed 4F 合成檔的 Timeline 中。使用工具列之錨點工具（Anchor Point Tool），將 4 個合成檔圖層的錨點移到最下緣，並調整圖層的左右位置，讓每一枝蘆葦彼此錯開。

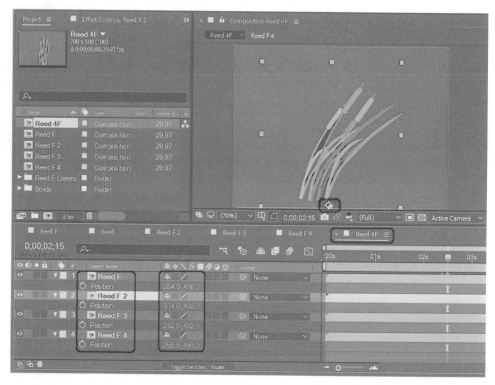

 3. 在 Reed 4F 合成檔的
Timeline 中,放大時間尺
度,接著將 Reed F 2 圖層
之起始時間往後 4 個影格,
接著將 Reed F 3 圖層之起
始時間往後 7 個影格,最
後將 Reed F 4 圖層之起始
時間往後 10 個影格,讓每
一枝蘆葦及葉片的擺動更
律動及自然,如下圖所示。

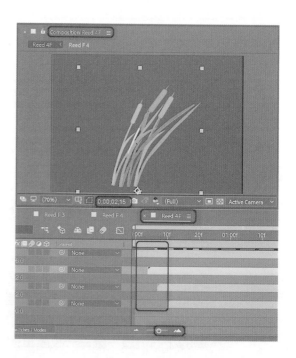

4. 全選 4 個合成檔 Reed F、Reed F 2、Reed F 3 及 Reed F 4，點按快捷鍵 S 鍵，在圖層下方顯示 Scale 大小變數設定，將 Reed F 2 圖層縮小 90 %，Reed F 3 圖層縮小 80 % 及 Reed F 4 圖層縮小 70 %，讓蘆葦及葉片的更有層次感，如下圖所示。

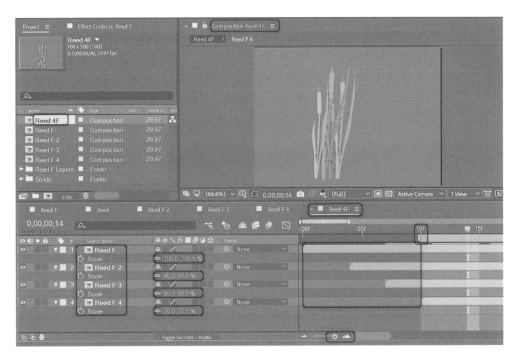

5. 點選工具列 Composition → New Composition 開新的合成檔，跳出 Composition Settings 視窗中，Composition Name: Reed 20F，Preset（預設）的下拉選單中選擇 HDTV 1080 29.97，Width: 1920 px，Height: 1080 px，Frame Rate: 29.97 fps，Duration 設定 8 秒 0;00;08;00，設定完成後點按 OK 按鈕。

6. 在 Project 視窗中，將 Reed 4F 拖拉至 Reed 20F 合成檔的 Timeline 中，點選 Reed 4F 圖層，**連按 Ctrl+D 快捷鍵 4 次，複製出 4 個相同的 Reed 4F 圖層**，如下圖所示。使用工具列之錨點工具（Anchor Point Tool），將 5 個合成檔圖層的錨點移到最下緣，並調整圖層的左右位置，讓每一簇的蘆葦彼此錯開。

 7. 在 Reed 20F 合成檔的 Timeline 中,放大時間尺度,接著將各 Reed 4 圖層之起始時間依序往後 5 個影格、10 個影格、15 個影格及 20 個影格,讓每一簇蘆葦的擺動更自然,如下圖所示。

 8. 全選 5 個 Reed 4F 圖層,點按快捷鍵 S 鍵,在圖層下方顯示 Scale 大小變數設定,**依序將 Reed 4F 圖層縮小 95 %、90 %、85 % 及 80 %,讓每一簇的蘆葦更有層次感**,如下圖所示。

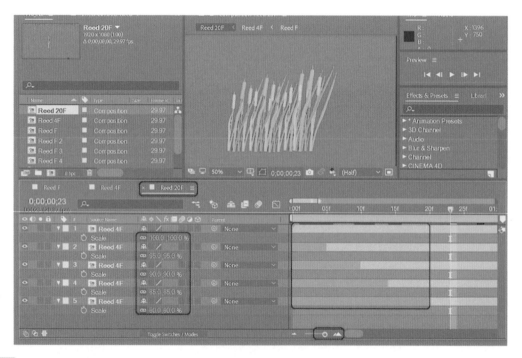

 9. 重覆前面之步驟,點選工具列 Composition → New Composition 開新的合成檔,跳出 Composition Settings 視窗中,Composition Name: Reed 120F,Preset 的下拉選單中選擇 HDTV 1080 29.97,Width: 1920 px,Height: 1080 px,Frame Rate: 29.97 fps,Duration 設定 10 秒 0;00;10;00,設定完成後點按 OK 按鈕。

 10. 在 Project 視窗中,將 Reed 20F 拖拉至 Reed 120F 合成檔的 Timeline 中,點選 Reed 20F 圖層,**連按 Ctrl+D 快捷鍵 5 次,複製出 5 個相同的 Reed 20F 圖層**,如下圖所示。使用工具列之錨點工具 (Anchor Point Tool),將 6 個合成檔圖層的錨點移到最下緣,並調整圖層的左右位置,讓整簇的蘆葦彼此錯開。

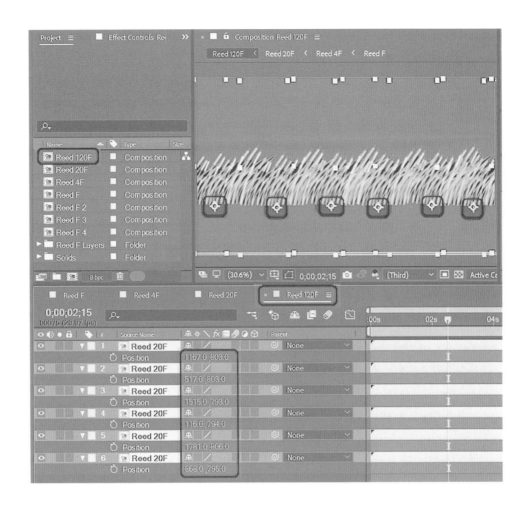

 11. 在 Reed 120F 合成檔的
Timeline 中，放大時間
尺度，接著將各 Reed
20F 圖層之起始時間依序
往後 10 個影格或 20 個影
格，如下圖所示。**全選 6
個 Reed 20F 圖層，點按
快捷鍵 S 鍵**，在圖層下方
顯示 Scale 大小變數設
定，依序將 Reed 20F 圖
層縮小 95 ％、90 ％及 80
％，如下圖所示。

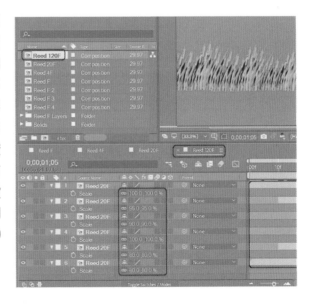

 12. 重覆前面之步驟，點選工具列 Composition → New Composition 開新
的合成檔，跳出 Composition Settings 視窗中，Composition Name：
Reed 240F，Preset 的下拉選單中選擇 HDTV 1080 29.97，Frame Rate：
29.97 fps，Duration 設定 10 秒 0;00;10;00，設定完成後點按 OK 按鈕。

 13. 在 Project 視窗中，將 Reed 120F 拖拉至 Reed 240F 合成檔的 Timeline
中，點選 Reed 120F 圖層，連按 Ctrl+D 快捷鍵，複製出 1 個相同的 Reed
120F 圖層，並調整圖層的大小及左右位置，如下圖所示。

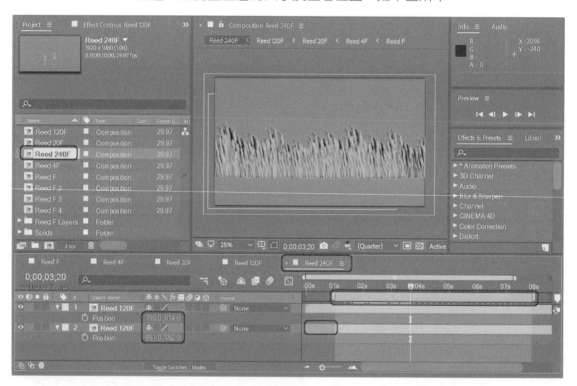

在製作完成的蘆葦及葉片合成
檔上，連按 Ctrl+D 快捷鍵，可
複製出幾百根蘆葦擺動動作。

6-3 製作蘆葦水面倒影擺動動作

 1. 點選工具列 Composition → New Composition 開新的合成檔，跳出 Composition Settings 視窗中，Composition Name: Water，Preset 的 下拉選單中選擇 HDTV 1080 29.97，Frame Rate : 29.97 fps，Duration 設定 8 秒 0;00;08;00，設定完成後點按 OK 按鈕。

 2. 接著點選工具列 Layer → New → Solid，跳出 Solid Settings 視窗中， Name: BG，點按 OK 按鈕。

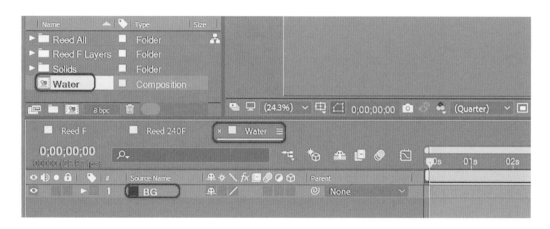

 3. 在 Timeline 中，選擇 BG 圖層，加入 Effect → **Noise & Grain（雜訊與 顆粒）→ Fractal Noise（分裂雜訊）**。

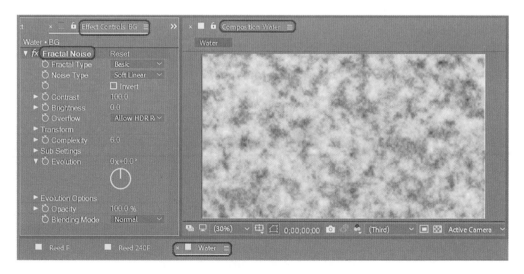

4. 設定及調整 Fractal Noise 特效之變數及數值：

Fractal Type: Strings

Contrast: 200

Transform: 取消口方框內之打勾 Uniform Scaling

Scale Width: 150.0

Scale Height: 70.0

Complexity: 2.0

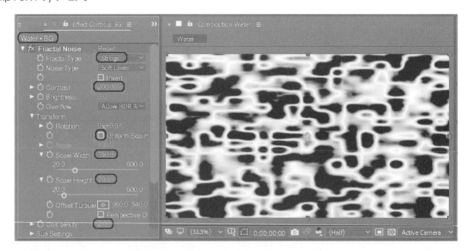

5. 設定 Offset Turbulence（偏移渦泫）及 Evolution（演變）變數之數值及關鍵影格，Timeline 時間在 0;00;00;00 時，Offset Turbulence: (960, 540)，Evolution: 0x+0.0，時 間 在 0;00;08;00 時，Offset Turbulence: (960, 1500)，Evolution: 3x+0.0。

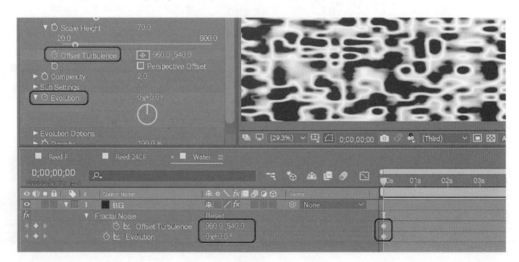

6. 在 Timeline 中，選擇 BG 圖層，加入 Effectn → Distort（扭曲）→
   Corner Pin（角釘），4 個角落的紅點代表 4 個位置，可任意更動位置，
   形成透視效果。4 個角落的紅點原來之位置如下：
   Upper Left: (0.0, 0.0)
   Upper Right: (1920.0, 0.0)
   Lower Left: (0.0, 1080.0)
   Lower Right: (1920.0, 1080.0)

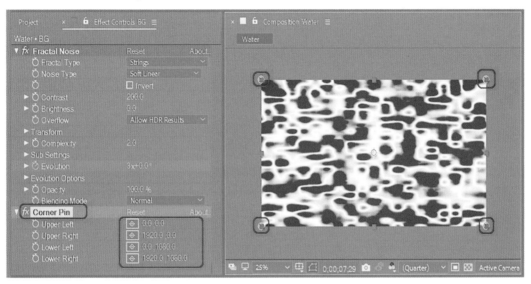

7. 移動 Corner Pin 中 4 個角落的紅點之位置如下：
   Upper Left: (-40.0, 800.0)
   Upper Right: (1956.0, 800.0)
   Lower Left: (-1470.0, 1470.0)
   Lower Right: (3400.0, 1470.0)

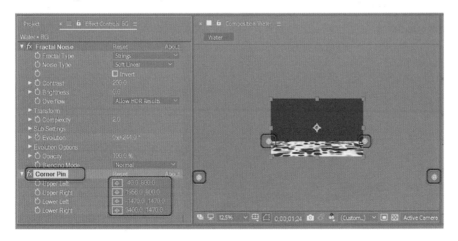

6-4 整合蘆葦擺動動作及水面倒影

1. 點選工具列 Composition → New Composition 開新的合成檔，跳出 Composition Settings 視窗中，Composition Name: Reed Final，Preset 的下拉選單中選擇 HDTV 1080 29.97，Frame Rate : 29.97 fps，Duration 設定 8 秒 0;00;08;00，設定完成後點按 OK 按鈕。

2. 接著點選工具列 Layer → New → Solid，跳出 Solid Settings 視窗中，Name: Sky，點按 OK 按鈕。在 Timeline 中，選擇 Sky 圖層，加入 Effect → Generate → Gradient Map（漸層映射）。

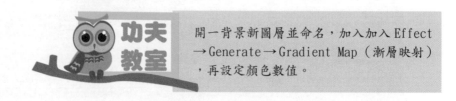

開一背景新圖層並命名，加入加入 Effect → Generate → Gradient Map（漸層映射），再設定顏色數值。

3. 修改 Start Color 為 R0：G120：B250，End Color 為 R0：G250：B250，
   設定後 Sky 之顏色如下圖所示。

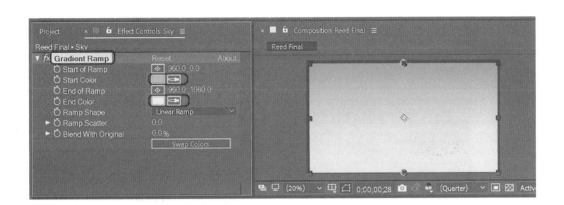

4. 將之前製作完成之 Reed 240F 及 Water 合成檔，從 Project 視窗
   中拖拉至 Timeline 時間軸中，

5. 點選 Reed 240F 後按鍵盤 Ctrl+D 複製另一 Reed 240F 圖層，以滑鼠右鍵點選第 3 圖層 Reed 240F，在跳出之選項中選擇 Transform → Flip Vertical （垂直翻轉），**再選擇 Transform → Flip Horizontal （水平翻轉），隱藏 Water 圖層**，如下圖所示。

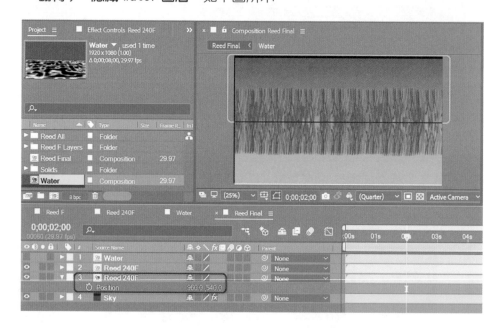

6. 調整第 3 圖層 Reed 240F 之 Position 如下圖所示位置，並縮小 Y 方向尺寸 Scale: (100, -50) 。

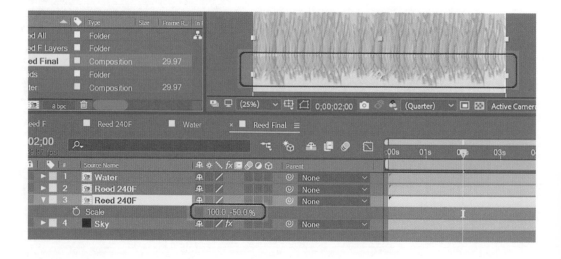

7. 在 Timeline 中，選擇第 3 圖層 Reed 240F，加入 Effect → Distort
Displacement Map（位移映射）。設定 Displacement Map Layer: 1.Water
（第 1 圖層的 Water），修改 Max Horizontal Displacement: 8.0，修改
Max Vertical Displacement: 5.0，如下圖所示。

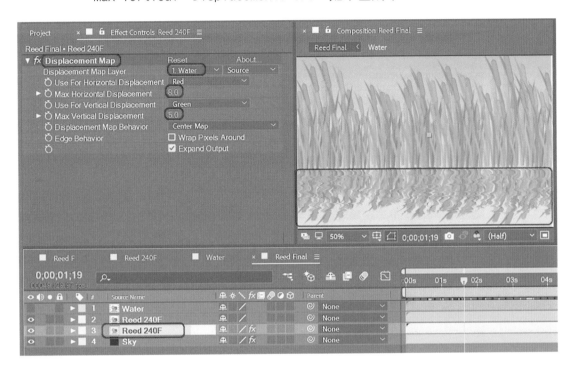

 8. 在 Timeline 中調整工作區為起始時間從 1 秒開始，結束時間為 8 秒，如
下圖所示。

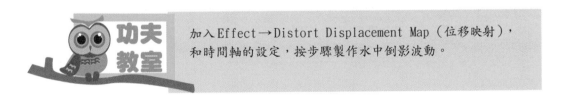

加入 Effect → Distort Displacement Map（位移映射），
和時間軸的設定，按步驟製作水中倒影波動。

  10. 在Timeline中，選擇第3圖層Reed 240F，點按鍵盤T鍵，將Opacity（透明度）變數修改為70 %。

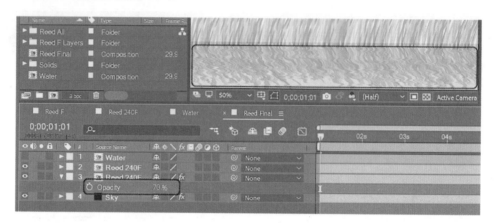

  11. 點選工具列Composition → New Composition開新的合成檔，跳出Composition Settings視窗中，Composition Name: AE Reed，Preset的下拉選單中選擇HDTV 1080 29.97，Frame Rate : 29.97 fps，Duration設定8秒0;00;08;00，設定完成後點按OK按鈕。

  12. 接著將Project中的Reed Final合成檔拖拉至Timeline中，並複製另一Reed Final合成檔，設定Scale大小，並調整影片時間長。另外加入Layer → New → Adjustment Layer 1（調整層），如下圖所示。

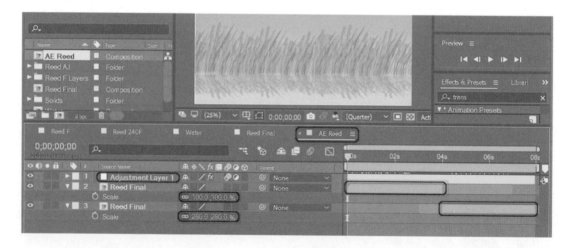

13. 在 Timeline 中，選擇 Adjustment Layer 1，加入 Effect → Stylize（風格化）→ Motion Tile（動態圖塊），修改 Output Width: 500，Output Height: 500。再加入另一 Effect → Distort → Transform，設定 Scale 關鍵影格，如下圖所示。

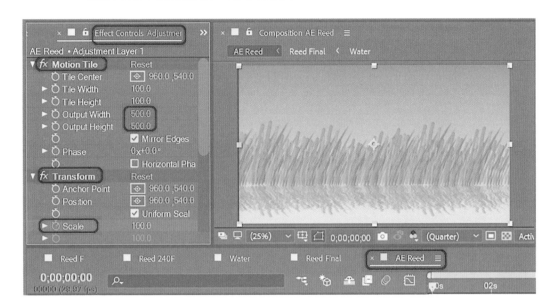

 14. 在 Adjustment Layer 1 圖層中設定 Effect → Transform 之 Scale 關鍵影格，其設定之時間及 Scale 大小如下表及下圖。

在 Timeline 不同的時間下，Adjustment Layer 1 之 Scale 關鍵影格設定：

Adjustment Layer 1 Effect/Transform	0;00;03;20	0;00;03;29	0;00;04;00	0;00;04;10
Scale	100	270	40	100

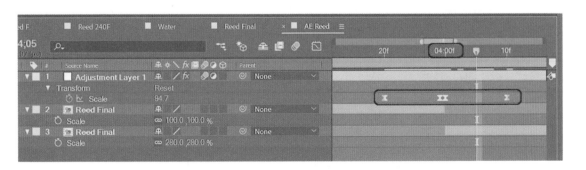

 15. 在 Timeline 中點選曲線編輯器（Graph Editor），圈選所有 Scale 關鍵影格點，並**調整 Bezier 貝茲曲線棒之長度及方向位置**，如下圖所示。

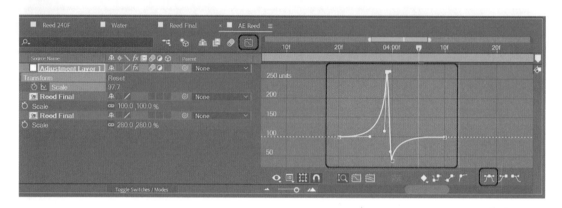

 16. 在 Adjustment Layer 1 圖層中點選 Motion Blur（動態模糊），並點選 Enables Motion Blur（啟用動態模糊），使快速動作之畫面變得模糊，如下圖所示。

17. 在 AE Reed 合成檔的 Timeline 中加入 Reed 4F 及 Reed 20F 兩個合成檔，並放大 Reed 4F 圖層之 Scale 為 280 %，以及放大 Reed 20F 圖層之 Scale 為 150 %。

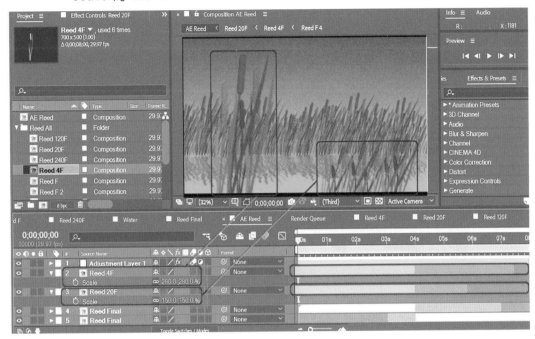

18. 接著調整 Reed 4F 及 Reed 20F 兩個合成檔之 Position 位置，Reed 4F 圖層之 Position 為 (624.0, 567.0)，以及 Reed 20F 圖層之 Position 為 (1542.0, 885.0)。稍微調整 Reed 4F 及 Reed 20F 圖層開始播放之時間，讓蘆葦擺動之動作錯開，並且讓影片結束時間拖拉至 4 秒位置。

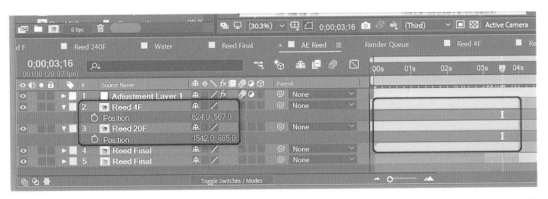

如上所示，從畫製一根蘆葦，複製後並加上許多特效，就可完成一整片隨風搖曳的蘆葦動畫場景。

好棒！你又完成了一課～～繼續接受挑戰吧！

1. **白天場景可加上太陽或霧氣動畫。**
   使用 Lens Flare 特效製作太陽，Fractal Noise 特效製作霧氣。

2. **雨天場景可加上下雨或烏雲動畫。**
   使用 Particle World 或 Rainfall 特效製作下雨場景，加上
   Fractal Noise 特效製作烏雲動畫。

3. **打雷閃電動畫場景。**
   使用 Lighting 特效製作打雷閃電場景動畫。

Lesson7

第7堂課

機器人動作動畫

只要畫一組機器人（Robot）的頭、身體、左右手及左右腳的圖層，
就可製作出機器人走路、跑步或跳躍的動畫場景。

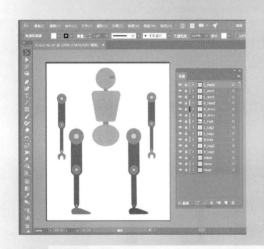

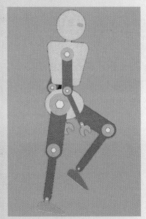

機器人動作動畫

先在 Adobe Illustrator 繪製機器人 (Robot) 的頭、身體、左右手及左右腳的圖層，身體分成頭、軀幹及骨盆，手臂分成上手臂、下手臂及手掌三個部分，腿分成大腿、小腿及腳掌三個部分，全部共 15 個圖層。

利用 Adobe After Effects 特效合成的軟體，再結合 Parent 父子關係來連結身體、左右手及左右腳的圖層，使用免費的外掛程式 Duik_15.52 _installer 製作與設定左右手及左右腳的動作，配合相機的運用及場景的複製及移動，即可製作出機器人走路的動畫場景。

7-1 機器人身體手腳連結

 1. 在 Adobe Illustrator 繪製機器人 (Robot) 的頭、身體、左右手及左右腳的圖層，身體分成頭、軀幹及骨盆，手的部分有上手臂、下手臂及手掌，腿的部分有大腿、小腿及腳掌，如下圖所示。

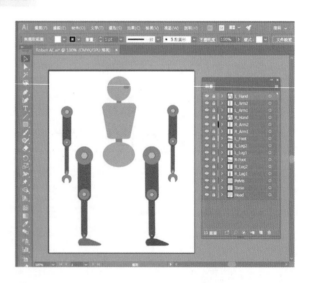

 2. 開啟 After Effects CC 後點選 New Composition（新合成），跳出 Composition Settings（合成設定）視窗。

 3. 點選工具列 File → Import → File，匯入圖檔：Robot AE，Import As: Composition，點按 Import 按鍵。

 4. 在 Project 視窗中，連點兩下 Robot AE 合成檔，在 Timeline（時間軸）中，就會顯示出頭、身體、手及腳總共 15 個圖層，如下圖所示。

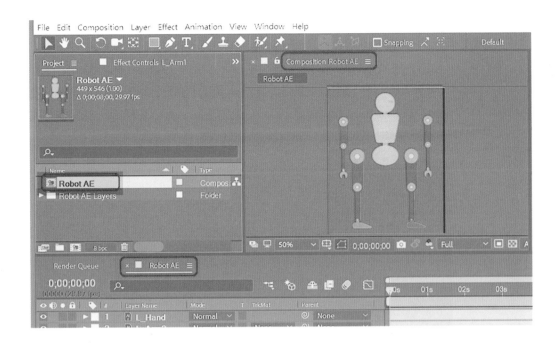

 5. 在 Timeline （時間軸）視窗中，重新排列身體、頭、手及腳等圖層之前
後順序，如下圖所示。

R_Hand（右手）、R_Arm2（右下臂）、R_Arm1（右上臂）。
R_Foot（右腳）、R_Leg2（右小腿）、R_Leg1（右大腿）。
Pelvis（骨盆）、Torso（軀幹）、Head（頭）。
L_Hand（左手）、L_Arm2（左下臂）、L_Arm1（左上臂）。
L_Foot（左腳）、L_Leg2（左小腿）、L_Leg1（左大腿）。

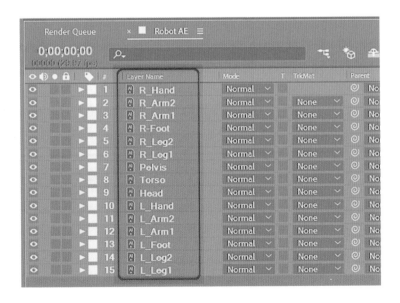

 6. 調整錨點中心位置：選取 Timeline（時間軸）中 Torso（軀幹）圖層，並放大 Composition 視窗 400 %，以便將 Torso（軀幹）的錨點中心移至 Torso 的正下方，如下圖所示之紅框位置。

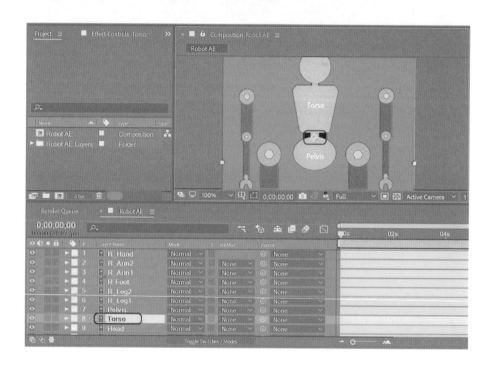

 7. 如上之方式，放大 Composition 視窗 400 %，依序調整下列圖層的錨點中心位置，如下圖之白色 X 記號處：

R_Arm1（右上臂）、R_Arm2（右下臂）、R_Hand（右手）。
R_Leg1（右大腿）、R_Leg2（右小腿）、R_Foot（右腳）。
Head（頭）、Pelvis（骨盆）。
L_Arm1（左上臂）、L_Arm2（左下臂）、L_Hand（左手）。
L_Leg1（左大腿）、L_Leg2（左小腿）、L_Foot（左腳）。

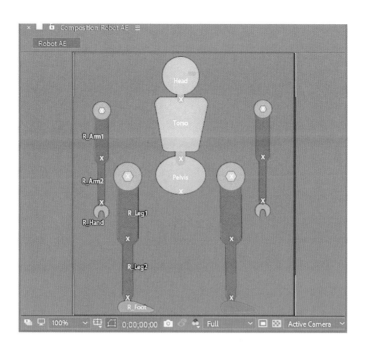

 8. 圖層 Parent（父子關聯）：在 Timeline（時間軸）中點選第 1 圖層 R_
Hand 右邊 Parent 下之矩形方框（預設為 None），在跳出的選項中選用
R_Arm2。依此方式，點選第 2 圖層 R_Arm2 右邊 Parent 下之矩形方框，
在跳出的選項中選用 R_Arm1。

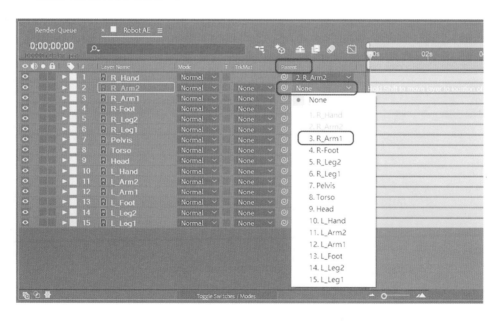

 9. 依照如上之步驟逐一將各圖層之間作 Parent 父子關聯，最後點選第 15 圖層 L_Leg1 右邊 Parent 下之矩形方框，在跳出的選項中選用 Pelvis。

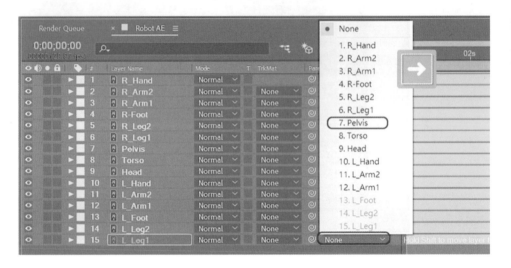

 10. 包含身體、頭、手及腳等 15 個圖層之 Parent 父子關聯，如下圖所示。Head（頭）受到 Torso（軀幹）的控制，Torso（軀幹）受到 Pelvis（骨盆）的控制。

 11. R_Hand（右手）受到 R_Arm2（右下臂）的控制，R_Arm2（右下臂）受到 R_Arm1（右上臂）的控制，R_Arm1（右上臂）受到 Torso（軀幹）的控制，Torso（軀幹）受到 Pelvis（骨盆）的控制。

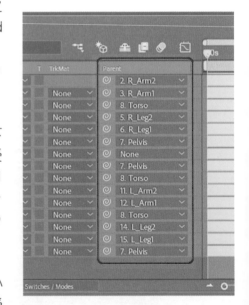

 12. R_Foot（右腳）受到 R_Leg2（右小腿）的控制，R_Leg2（右小腿）受到 R_Leg1（右大腿）的控制，R_Leg1（右大腿）受到 Pelvis（骨盆）的控制。

13. 將右手、右腳、左手及左腳移至 Torso（軀幹）及 Pelvis（骨盆）的適當位置。點選 R_Leg1 圖層並移動至 Pelvis 位置，接著，點選 L_Leg1 圖層並移動至 Pelvis 位置，如下圖所示。

 14. 點選 R_Arm1（右上臂）旋轉 45 度，接著，點選 L_Arm1（左上臂）旋轉 -45 度，我們只要旋轉 R_Arm1（右上臂）就會帶動 R_Arm2（右下臂）及 R_Hand（右手），因為 R_Arm1（右上臂）、R_Arm2（右下臂）及 R_Hand（右手）已有 Parent 父子關聯，依同樣方式旋轉 L_Arm1（左上臂）。

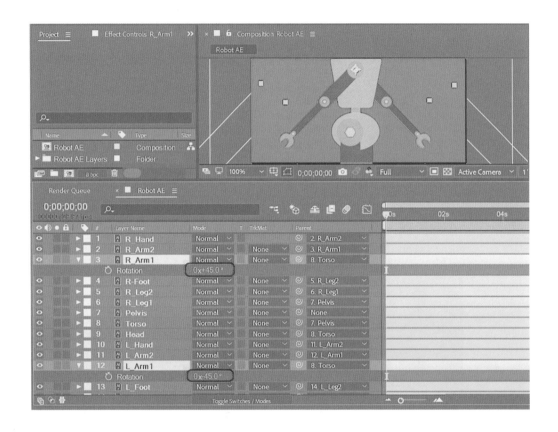

 15. 同時選取 R_Arm1（右上臂）、R_Arm2（右下臂）及 R_Hand（右手）3 個圖層，**點按鍵盤 R 鍵，跳出變數 Rotation 設定，同時旋轉變數** Rotation 負 75 度，則彎曲之右手臂如下圖所示。

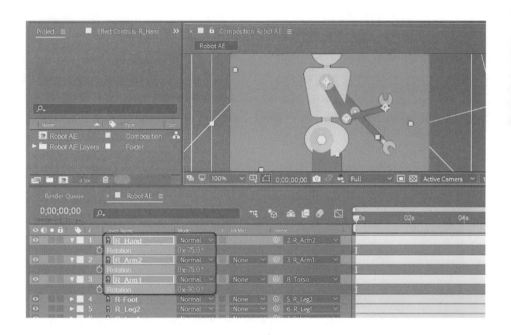

 16. 同時選取 R_Leg1（右大腿）、R_Leg2（右小腿）及 R_Foot（右腳）3 個圖層，點按鍵盤 R 鍵，跳出變數 Rotation 設定，同時旋轉變數 Rotation 正 24 度，則彎曲之右腿如下圖所示。

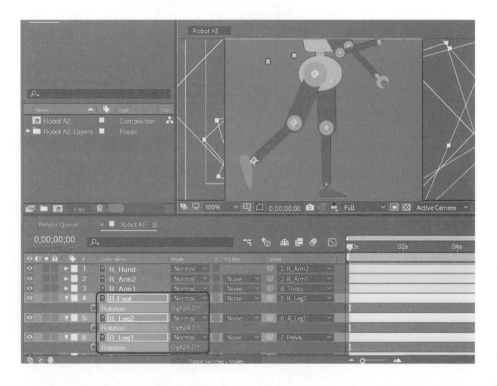

7-2 設定機器人身體手腳控制器

 1. 在資料夾中找到免費的外掛程式 Duik_15.52_installer，點按執行外掛程式 Duik_15.52。

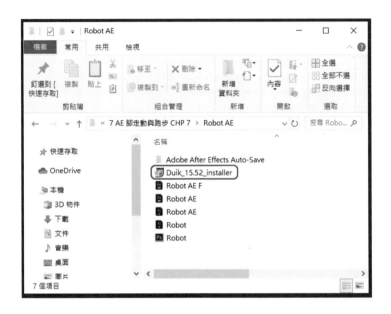

Duik 程式安裝及啟用：

1. 請參考 CHAPTER 6 蘆葦擺動動作動畫之步驟。
2. 在資料夾中點選 Duik_15.52_Installers。
3. 勾選 Adobe After Effects CC 2018 後，點按 Next 下一步。
4. 勾選 Duik 下方的框框，點按 Install 安裝程式。
5. 點選工具列 Edit → Preferences（喜好設定）→ General（一般）。
6. 在跳出來的選單中，勾選 Allow Scripts to Write Files and Access Network 允許將程式寫入，然後點按 OK。
7. 點選工具列 Window，在跳出來的選單中，點按 Duik.jsx。（若無此選項，則須關掉 After Effects 後再重新開啟）。
8. 在跳出來的面板中，點按 Launch Duik（啟動 Duik）。

 2. 在 Timeline（時間軸）中點選第 1 圖層 R_Hand 後，點按 Duik 工作面板中的 Controllers（控制器）。

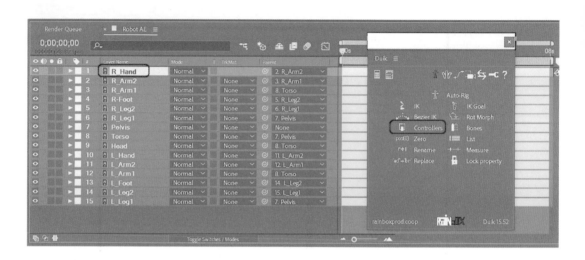

 3. 在跳出的 Controllers（控制器）面板中，選用顯示的 Controllers 尺寸大小（Size）為 Medium（中型），顏色（Color）為 Red（紅色），Controllers 可作上下、左右及旋轉動作，選定後點按 Create（創建）。

4. 在 Timeline（時間軸）中會新增加1個圖層＃ C_R_Hand（C為 Controllers 的縮寫），在 Composition 視窗中的 R_Hand 處也會多出一圖樣，此為右手之 Controllers 控制器。

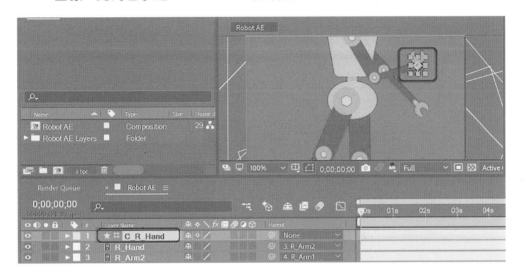

 5. 依同樣地步驟，在 Timeline（時間軸）中點選圖層 L_Hand（左手）後，點按 Duik 工作面板中的 Controllers。在跳出的 Controllers 面板中，選用顯示的 Controllers 尺寸大小（Size）為 Medium（中型），顏色（Color）為 Green（綠色），Controllers 可作上下、左右及旋轉動作，選定後點按 Create（創建）。在 Timeline（時間軸）中會新增加1個圖層＃ C_L_Hand，在 Composition 視窗中的 L_Hand 處也會多出一圖樣，此為左手之 Controllers 控制器。

 6. 依同樣地步驟，在Timeline（時間軸）中點選圖層R_Foot（右腳）後，點按Duik工作面板中的Controllers。在跳出的Controllers面板中，選用顯示的Controllers尺寸大小（Size）為Medium（中型），顏色（Color）為Blue（藍色），Controllers可作上下、左右及旋轉動作，選定後點按Create（創建）。在Timeline（時間軸）中會新增加1個圖層 # C_R_Foot，在Composition視窗中的R_Foot處也會多出一圖樣，此為右腳之Controllers控制器。

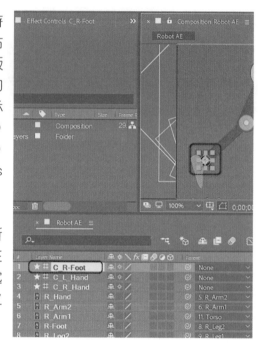

 7. 如上之步驟，在Timeline（時間軸）中點選圖層L_Foot（左腳）後，點按Duik工作面板中的Controllers。在跳出的Controllers面板中，選用顯示的Controllers尺寸大小（Size）為Medium（中型），顏色（Color）為Cyan（青色），Controllers可作上下、左右及旋轉動作，選定後點按Create（創建）。在Timeline（時間軸）中會新增加1個圖層 # C_L_Foot，在Composition視窗中的L_Foot處也會多出一圖樣，此為左腳之Controllers控制器。

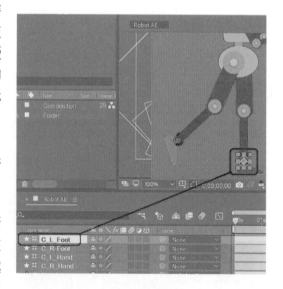

8. 如上之步驟，分別創建 Pelvis（骨盆）及 Head（頭）之 Controllers 控制器。在 Timeline（時間軸）中會分別新增加 2 個圖層 # C_Pelvis 及 # C_Head（頭），在 Composition 視窗中也會新增加 2 個白色圖樣之 Controllers 控制器。

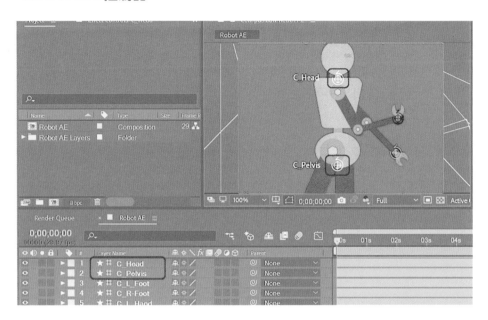

9. 在 Timeline（時間軸）中點選圖層 # C_Pelvis，按 Ctrl + D 複製 2 次圖層 # C_Pelvis 後，分別修改圖層 # C_Pelvis 2 及 # C_Pelvis 3 名稱為 # C_Torso 和 # C_Master，並在 Composition 視窗中將 # C_Torso 之 Controllers 控制器拖拉至 Torso（軀幹）的正上方，並在 Composition 視窗中將 # C_Master 之 Controllers 控制器拖拉至雙腳的正下方，如下圖所示。

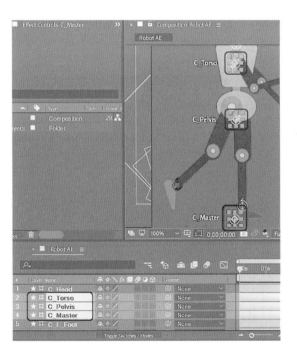

10. 重新調整所有圖層的 Parent（父子關聯），依照前面之步驟逐一檢視及設定各圖層之間的 Parent 父子關聯，如下圖所示。

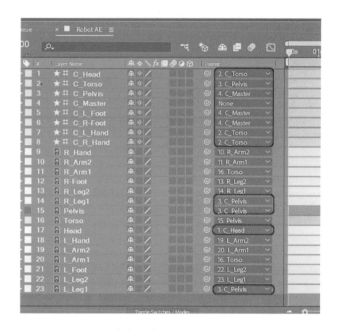

7-3 機器人身體手腳綁骨架

1. 選取 # C_R_Hand（控制器）、R_Arm1（右上臂）、R_Arm2（右下臂）及 R_Hand（右手）後，點按 Duik 面板中的 IK（綁骨架），將 4 個圖層元件綁在一起。

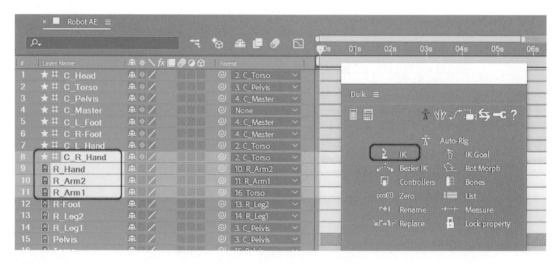

2. 點按 Duik 面板中的 IK 後，在跳出的面板中選用 2-Layer IK & Goal（2D IK 和目標），之後，點按 Create（創建）。

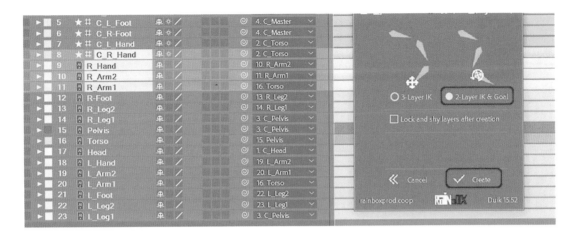

3. 在 Composition 視窗中，我們可以點選 R_Hand（右手）控制器自由的上下左右移動，當 R_Hand（右手）移動時，R_Arm2（右下臂）及 R_Arm1（右上臂）也跟著移動，而且，R_Arm1（右上臂）、R_Arm2（右下臂）及 R_Hand（右手）已綁定成一隻手臂。

4. 在 C_R_Hand（右手控制器）的 Effect Controls（特效控制面板）中，在 IK R_Arm2 下的變數 Clockwise 之方框內，可取消或打勾設定 R_Arm2（右下臂）為逆時針或順時針方向旋轉，另外在 Stretch 下的 Auto-Stretch（自動伸展）的變數中，也可取消或打勾設定 R_Arm2（右下臂）為不可變形或可自動伸長手臂長度，在面板最後一行 Goal R_Hand 的變數 Checkbox 之方框內，可取消或打勾設定 Goal R_Hand（右手控制器）為平行或旋轉。

點選 R_Hand（右手）控制器自由的上下左右移動，也可在變數 Clockwise 之方框內，取消或打勾設定 R_Arm2（右下臂）為逆時針或順時針方向旋轉，在變數 Checkbox 之方框內，可取消或打勾設定 Goal R_Hand（右手控制器）為平行或旋轉。

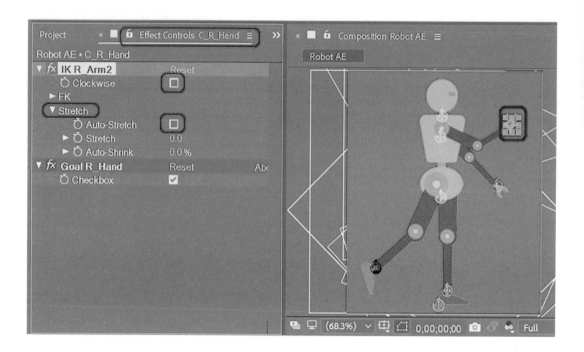

5. 選取 # C_L_Hand（控制器）、L_Arm1（左上臂）、L_Arm2（左下臂）及 L_Hand（左手）後，點按 Duik 面板中的 IK（綁骨架），將 4 個圖層元件綁在一起。點按 Duik 面板中的 IK 後，在跳出的面板中選用 2-Layer IK & Goal（2D IK 和目標），之後，點按 Create（創建）。

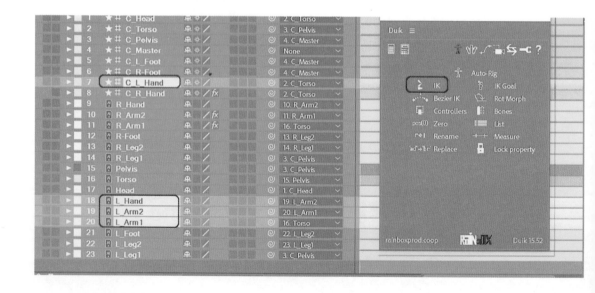

6. 在 Composition 視窗中，我們可以點選 L_Hand（左手）控制器自由的上下左右移動，當 L_Hand（左手）移動時，L_Arm2（左下臂）及 L_Arm1（左上臂）也跟著移動，而且，L_Arm1（左上臂）、L_Arm2（左下臂）及 L_Hand（左手）已綁定成一隻手臂。

7. 在 C_L_Hand（左手控制器）的 Effect Controls（特效控制面板）中，在 IK L_Arm2 下的變數 Clockwise 之方框內，可取消打勾設定 L_Arm2（左下臂）為逆時針方向旋轉，另外在 Stretch 下的 Auto-Stretch（自動伸展）的變數中，也可取消打勾設定 L_Arm2（左下臂）為不可變形，在面板最後一行 Goal L_Hand 的變數 Checkbox 之方框內，可取消打勾設定 Goal L_Hand（左手控制器）為平行。

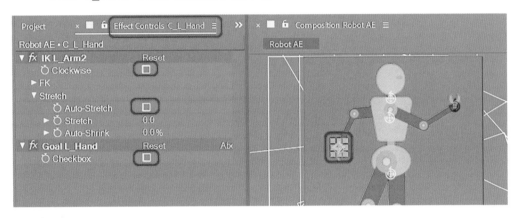

8. 選取 # C_R_Foot（控制器）、R_Foot（右腳）、R_Leg2（右小腿）及 R_Leg1（右大腿）後，點按 Duik 面板中的 IK（綁骨架），將 4 個圖層元件綁在一起。點按 Duik 面板中的 IK 後，在跳出的面板中選用 2-Layer IK & Goal（2D IK 和目標），之後，點按 Create（創建）。

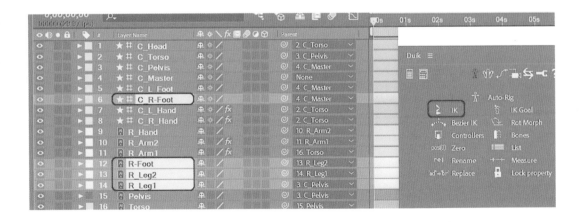

 ·9. 在 Composition 視窗中，我們可以點選 R_Foot（右腳）控制器自由的上下左右移動，當 R_Foot（右腳）移動時，R_Leg2（右小腿）及 R_Leg1（右大腿）也跟著移動，而且，R_Leg1（右大腿）、R_Leg2（右小腿）及 R_Foot（右腳）已綁定成一條腿。

 10. 在 C_R_Foot（右腳控制器）的 Effect Controls（特效控制面板）中，在 IK R_Leg2 下的變數 Clockwise 之方框內，可打勾設定 R_Leg2（右小腿）為順時針方向旋轉，另外在 Stretch 下的 Auto-Stretch（自動伸展）的變數中，取消打勾設定 R_Leg2（右小腿）為不可變形，在面板最後一行 Goal R_Foot 的變數 Checkbox 之方框內，可打勾設定 Goal R_Foot（右腳控制器）為平行，即腳掌（Foot）可改變方向。

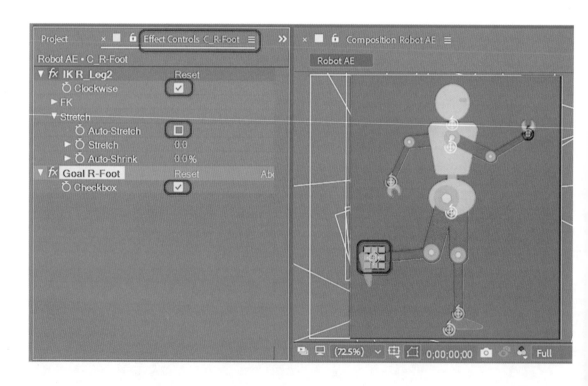

設定完成手部動作後是否很有成就感？再來就是腳的動作，可觀察看看實際走路的姿勢如何再來進行喔！

11. 選取 # C_L_Foot（控制器）、L_Foot（左腳）、L_Leg2（左小腿）及L_
Leg1（左大腿）後，點按 Duik 面板中的 IK（綁骨架），將 4 個圖層元
件綁在一起。點按 Duik 面板中的 IK 後，在跳出的面板中選用 2-Layer
IK & Goal（2D IK 和目標），之後，點按 Create（創建）。

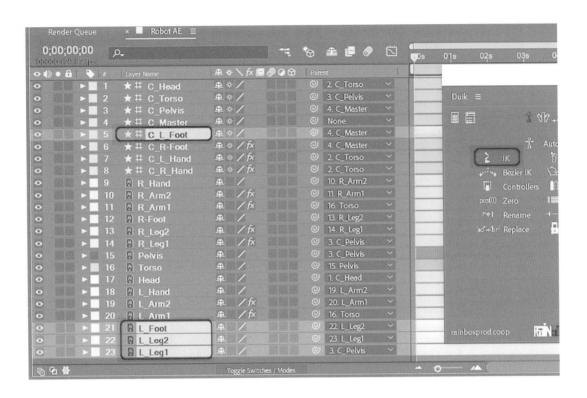

 12. 在 Composition 視窗中，我們可以點選 L_Foot（左腳）控制器自由的上
下左右移動，當L_Foot（左腳）移動時，L_Leg2（左小腿）及L_Leg1（左
大腿）也跟著移動，而且，L_Leg1（左大腿）、L_Leg2（左小腿）及L_
Foot（左腳）已綁定成一條腿。

 13. 在 C_ L_Foot（左腳控制器）的 Effect Controls（特效控制面板）中，
在 IK L_Leg2 下的變數 Clockwise 之方框內，可打勾設定 L_Leg2（左小
腿）為順時針方向旋轉，另外在 Stretch 下的 Auto-Stretch（自動伸展）
的變數中，取消打勾設定L_Leg2（左小腿）為不可變形，在面板最後一
行Goal L_Foot的變數 Checkbox 之方框內，可打勾設定 Goal L_Foot（左
腳控制器）為旋轉，即腳掌（Foot）可改變方向。

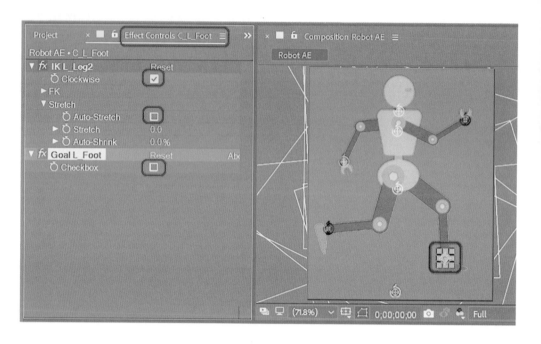

 14. 選取 Head（頭）、Torso（軀幹）及 Pelvis（骨盆）後，點按 Duik 面板中的 IK（綁骨架），將 3 個圖層元件綁在一起。點按 Duik 面板中的 IK 後，在跳出的面板中選用 2-Layer IK & Goal（2D IK 和目標），之後，點按 Create（創建）。

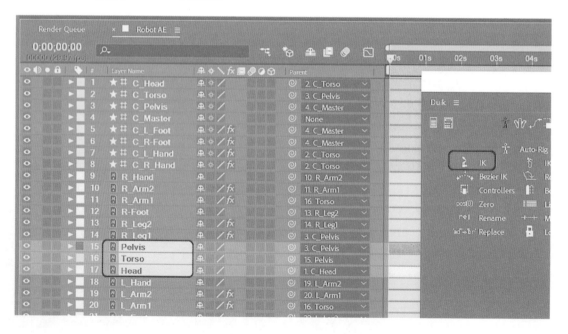

15. 如下圖所示，C_Head、及 C_R_Hand 及 C_L_Hand 受到 C_Torso 的控制，而 C_Torso 受到 C_Pelvis 的控制。因此我們只要上下左右移動 C_Pelvis 控制器，即可改變身體的姿勢。

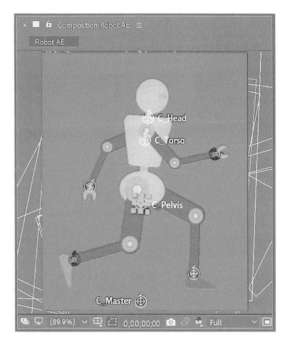

16. 如下圖所示，C_R_Hand 及 C_L_Hand 受到 C_Torso 的控制，C_Torso 受到 C_Pelvis 的控制，而 C_Pelvis 受到 C_Master 的控制，並且，C_R_Foot 及 C_L_Foot 也受 C_Master 的控制。因此我們只要上下左右移動 C_Master 控制器，即可改變身體的位置，前進、後退、或上、或下。

只要上下左右移動 C_Master 控制器，即可改變身體的位置，前進、後退、或上、或下。

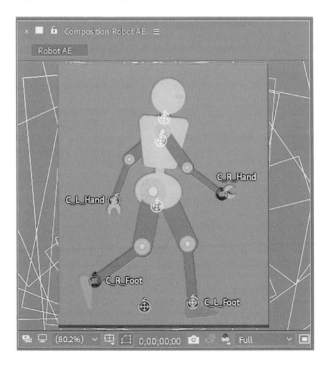

7-4 設定機器人走路動作

1. 點選 Composition → Composition Setting，設定 Width: 800 px，Height: 800 px，Frame Rate（影格速率）: 24 fps（每秒 24 影格）。設定 24 fps 是為了在製作走路或跑步時，比較容易取得整數的影格，以便設定變數。

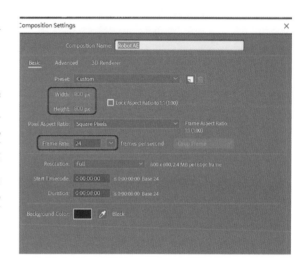

此處是設定 24 fps（每秒 24 影格），你可另輸入其他數字試試其差異。

2. 在 Timeline 中，先放大時間軸，然後選取第 5 圖層的 C_L_Foot 及第 6 圖層的 C_R_Foot，點按鍵盤 P 鍵，在圖層 C_L_Foot 及 C_R_Foot 的下方顯示 Position 位置變數，依序移動時間指示針並設定 Position 變數之位置設定關鍵影格，如下表及下圖所示為所設定之時間及移動位置，設定 1 秒為一步之走路動作。

在 Timeline 不同的時間下，C_L_Foot 及 C_R_Foot 之 Position 關鍵影格設定：

Timeline	0;00;00;000	0;00;01;000
C_L_Foot	-121.0, -78.0	-121.0, -78.0
C_R_Foot	121.0, -78.0	121.0, -78.0

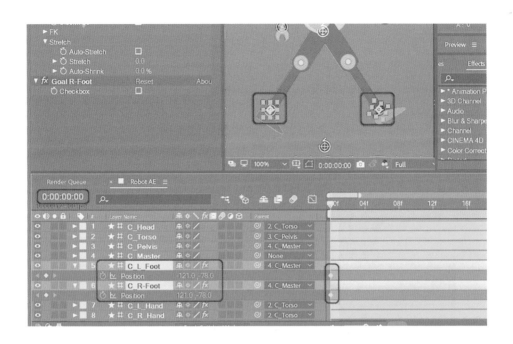

 3. 在 Timeline 時間 0;00;00;12 時,設定左右腳前後對調,移動時間指示針並設定 Position 變數之位置設定關鍵影格,如下表及下圖所示為所設定之時間及移動位置。(注意: 我們設定之影格速率是 24 fps,即 1 秒 24 影格。)

在 Timeline 不同的時間下,C_L_Foot 及 C_R_Foot 之 Position 關鍵影格設定:

Timeline	0;00;00;000	0;00;00;12	0;00;01;000
C_L_Foot	-121.0, -78.0	140.0, -71.0	-121.0, -78.0
C_R_Foot	121.0, -78.0	127.0, 67.0	121.0, -78.0

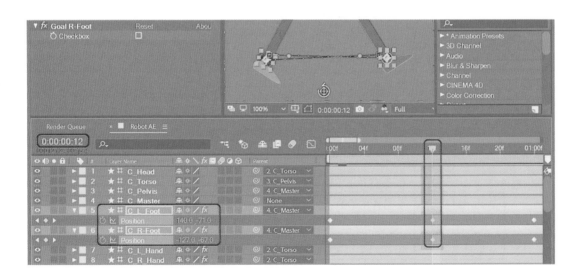

 4. 在 Timeline 時間 0;00;00;06 時,移動時間指示針並設定 Position 變數之位置設定關鍵影格,將左腳 C_L_Foot 提高,右腳 C_R_Foot 往下,如下表及下圖所示為所設定之時間及移動位置。

在 Timeline 不同的時間下,C_L_Foot 及 C_R_Foot 之 Position 關鍵影格設定:

Timeline	0;00;00;000	0;00;00;06	0;00;00;12
C_L_Foot	-121.0, -78.0	-3.5, -122.5	140.0, -71.0
C_R_Foot	121.0, -78.0	-15.0, -38.5	127.0, -67.0

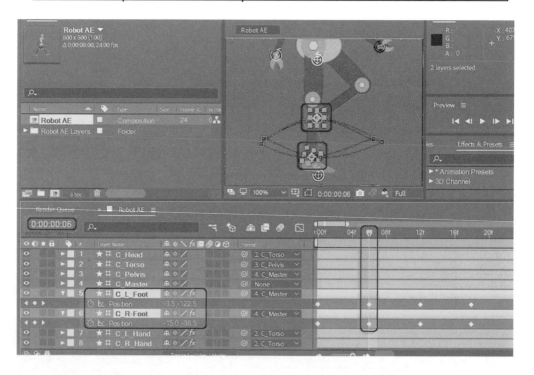

 5. 在 Timeline 時間 0;00;00;18 時,移動時間指示針並設定 Position 變數之位置設定關鍵影格,將右腳 C_R_Foot 提高,左腳 C_L_Foot 往下,如下表及下圖所示為所設定之時間及移動位置。

在 Timeline 不同的時間下,C_L_Foot 及 C_R_Foot 之 Position 關鍵影格設定:

Timeline	0;00;00;12	0;00;00;18	0;00;01;00
C_L_Foot	140.0, -71.0	4.5, -37.5	-121.0, -78.0
C_R_Foot	127.0, -67.0	-4.0, -118.5	121.0, -78.0

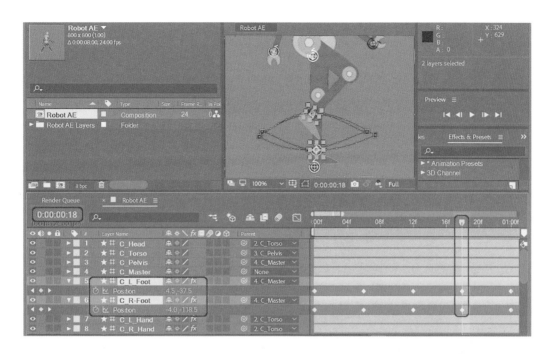

 6. 將所有 Position 變數位置設定之關鍵影格，全選後按快捷鍵 F9，即所有
動作都變為平滑的漸入漸出。

 7. 按住鍵盤 Alt 鍵不放，同時點選 Position 選項左方之碼錶，此時 C_L_
Foot 及 C_R_Foot 選項下方會顯示一列程式表示式 (Expression)，點選
右方白色圓圈內有黑色三角箭頭的圖案。

 8. 在跳出之表單選項中選擇 Property（屬性）→ loopOutDuration(type =
"cycle", duration = 0)，表示時間持續循環。

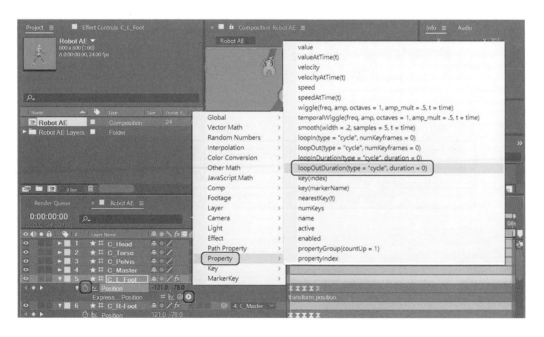

9. 點按▶Play 鍵後，雖然我們只設定 1 秒鐘的走路動作，但時間跑到 04;22（4 秒 22 影格）時，C_L_Foot（左腳）及 C_R_Foot（右腳）仍然持續做走路的動作，如下圖所示。

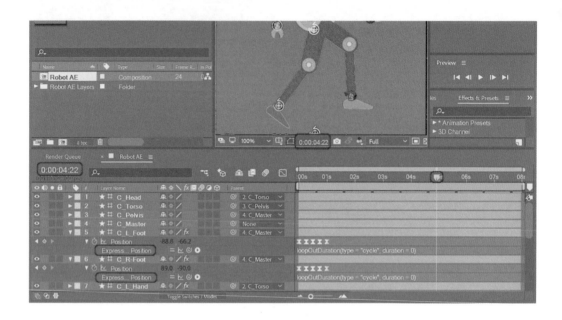

10. 在 Timeline 中，先放大時間軸，然後選取第 7 圖層的 C_L_Hand 及第 8 圖層的 C_R_Hand，點按鍵盤 P 鍵，在圖層 C_L_Hand 及 C_R_Hand 的下方顯示 Position 位置變數，移動時間指示針並設定 Position 變數之位置設定關鍵影格，如下表及下圖所示為所設定之時間及移動位置，設定 1 秒為一步走路手擺動之動作。

在 Timeline 不同的時間下，C_L_Foot 及 C_R_Foot 之 Position 關鍵影格設定：

Timeline	0;00;00;000	0;00;01;000
C_L_Hand	130.3, 109.9	130.3, 109.9
C_R_Hand	-96.6, 125.9	-96.6, 125.9

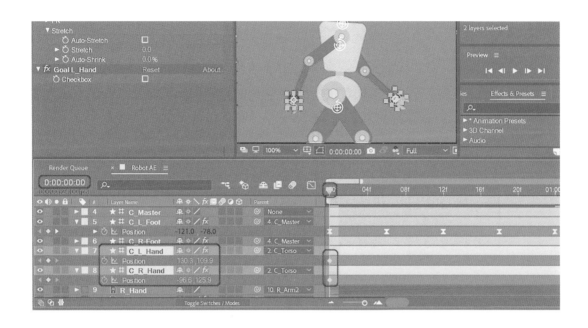

 11. 在 Timeline 時間 0;00;00;12 時，設定左右手前後對調，移動時間指示針並設定 Position 變數之位置設定關鍵影格，如下表及下圖所示為所設定之時間及移動位置。（注意： 我們設定之影格速率是 24 fps，即 1 秒 24 影格。）

在 Timeline 不同的時間下，C_L_Foot 及 C_R_Foot 之 Position 關鍵影格設定：

Timeline	0;00;00;00	0;00;00;12	0;00;01;00
C_L_Hand	130.3, 109.9	-96.6, 125.9	130.3, 109.9
C_R_Hand	-96.6, 125.9	130.3, 109.9	-96.6, 125.9

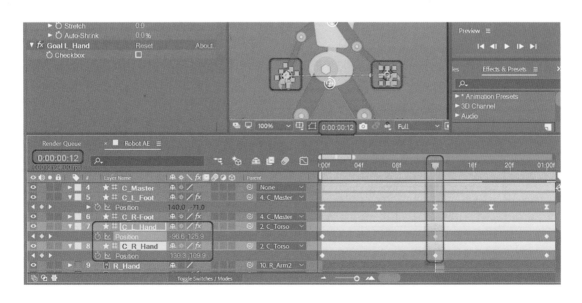

12. 在 Timeline 時間 0;00;00;06 時,移動時間指示針並設定 Position 變數之位置設定關鍵影格,將左手 C_L_Hand 和右手 C_R_Hand 都往下移動,如下表及下圖所示為所設定之時 間及移動位置。

在 Timeline 不同的時間下,C_L_Foot 及 C_R_Foot 之 Position 關鍵影格設定:

Timeline	0;00;00;00	0;00;00;06	0;00;00;12
C_L_Hand	130.3, 109.9	19.4, 160.8	-96.6, 125.9
C_R_Hand	-96.6, 125.9	19.4, 160.8	130.3, 109.9

13. 在 Timeline 時間 0;00;00;18 時,移動時間指示針並設定 Position 變數之位置設定關鍵影格,將左手 C_L_Hand 和右手 C_R_Hand 都往下移動,如下表及下圖所示為所設定之時間及移動位置。

在 Timeline 不同的時間下,C_L_Foot 及 C_R_Foot 之 Position 關鍵影格設定:

Timeline	0;00;00;12	0;00;00;18	0;00;01;00
C_L_Hand	-96.6, 125.9	18.7, 151.3	130.3, 109.9
C_R_Hand	130.3, 109.9	16.5, 163.0	-96.6, 125.9

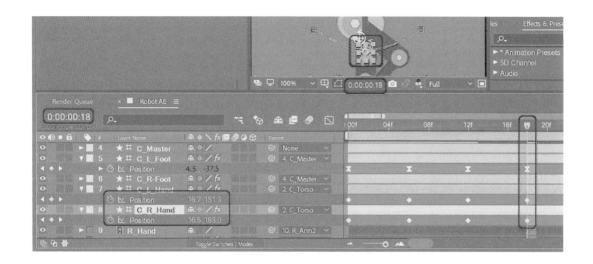

→ 14. 將所有 Position 變數位置設定之關鍵影格，全選後按快捷鍵 F9，即所有動作都變為平滑的漸入漸出。

→ 15. 按住鍵盤 Alt 鍵不放，同時點選 Position 選項左方之碼錶，此時 C_L_Hand 及 C_R_Hand 選項下方會顯示一列程式表示式（Expression），點選右方白色圓圈內有黑色三角箭頭的圖案。

→ 16. 在跳出之表單選項中選擇 Property（屬性）→ loopOutDuration(type = "cycle", duration = 0)，表示時間持續循環。

→ 17. 點按 ▶Play 鍵後，雖然我們只設定 1 秒鐘的走路動作，但時間跑到 05;12（5 秒 12 影格）時，C_L_Hand（左手）及 C_R_Hand（右手）仍然持續做走路的動作，如下圖所示。

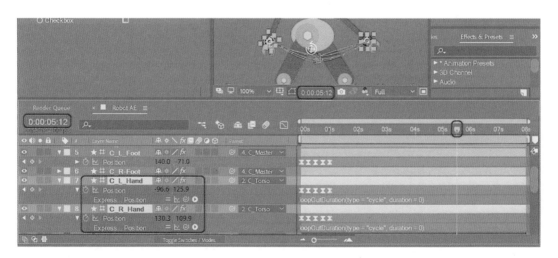

18. 若是覺得機器人走路的動作太快，可用如下方式來處理，全選 4 個圖層 C_L_Foot、C_R_Foot、C_L_Hand 及 C_R_Hand 之 Position 關鍵影格設定，按住 Alt 不放，用滑鼠點選最右邊之關鍵影格 X 後向右拖拉至 2 秒位置，如下圖所示。

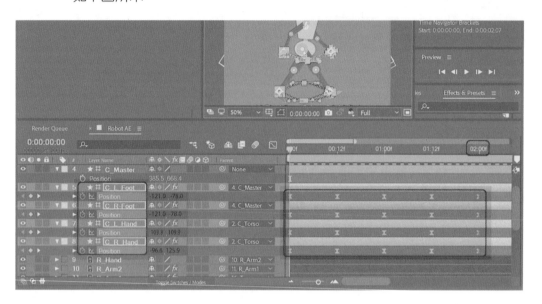

19. 走路時身體總是會隨著跨步而上下起伏波動，因此，左右腳跨步時，身體會稍微往下，而左腳或右腳站直時，身體會稍微往上。點選 C_Pelvis（骨盆），點按鍵盤 P 鍵，在圖層 C_Pelvis 的下方顯示 Position 位置變數，配合 C_L_Foot 之 Position 變數之位置設定關鍵影格，如下表及下圖為 C_Pelvis 的 Position 所設定之時間及移動位置。

在 Timeline 不同的時間下，C_L_Foot 及 C_R_Foot 之 Position 關鍵影格設定：

Timeline	0;00;00;00	0;00;00;12	0;00;01;00	0;00;01;12	0;00;02;00
C_Pelvis	-3.2, -240.4	-3.2, -248.4	-3.2, -240.4	-3.2, -248.4	-3.2, -240.4

20. 將所有 Position 變數位置設定之關鍵影格,全選後按快捷鍵 F9,即所有動作都變為平滑的漸入漸出。

21. 按住鍵盤 Alt 鍵不放,同時點選 Position 選項左方之碼錶,此時 C_Pelvis 選項下方會顯示一列程式表示式 (Expression),點選右方白色圓圈內有黑色三角箭頭的圖案。

22. 在跳出之表單選項中選擇 Property (屬性)→ loopOutDuration(type = "cycle", duration = 0),表示時間持續循環。

23. 點按 ▶ Play 鍵後,時間跑到 05;04 (5 秒 4 影格) 時,C_Pelvis 之 Position 仍然持續做走路時的上下動作,如下圖所示。

22. 在 Timeline 視窗中,將下列控制器的圖層顯示眼睛圖樣關閉:C_Head、C_Torso、C_Pelvis、C_Master、C_L_Foot、C_R_Foot、C_L_Hand 和 C_R_Hand。在 Composition 視窗中,就不會顯示這些控制器的圖樣,如下圖所示。

走路時身體總是會隨著跨步而上下起伏波動,因此,左右腳跨步時,身體會稍微往下,而左腳或右腳站直時,身體會稍微往上。

7-5 機器人走路與山景動畫

 1. 點 按 Composition → New Composition → Composition Setting，Preset 選用 HDTV 1080 24，Frame Rate（影格速率）：24 fps（每秒24 影格），循環週期時間 Duration 設為 8 秒，點按 OK。

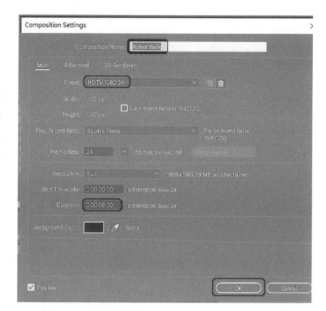

 2. 點選工具列 File → Import → File，匯入 Photoshop 圖檔：Mountain，Import As: Composition，點按 Import 按鍵。在跳出 Mountain.psd 的頁面中，Import Kind 選擇 Composition，Layer Options 選擇 Editable Layer Styles，點按 OK。

 3. 在 Project 視窗中，多出一個 Mountain 合成檔及 Mountain Layers 資料夾，如下圖所示。

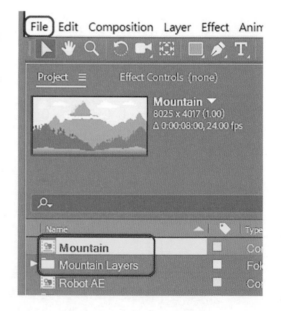

4. 在 Project 視 窗 中，
點 選 Mountain Layers
資料夾左邊之箭頭，
全選所有圖層：Cloud
+ Sun、Ground、Mout
1、Mout 2、Mount 3、
Mount 4、Tree 1 及
Tree 2， 並 拖 拉 至
Robot Walk 合 成 檔 的
Timeline 時間軸中，如
下圖所示。

5. 在 Timeline 視窗中調整圖層上下順序如下：Ground、Tree 1、Mout 1、
Tree 2、Mout 2、Mount 3、Mount 4 及 Cloud + Sun，接著，全選所有
圖層，點按滑鼠右鍵，在跳出之選單中選用 Transform → Fit to Comp
Height（符合合成檔的高度），如下圖所示。

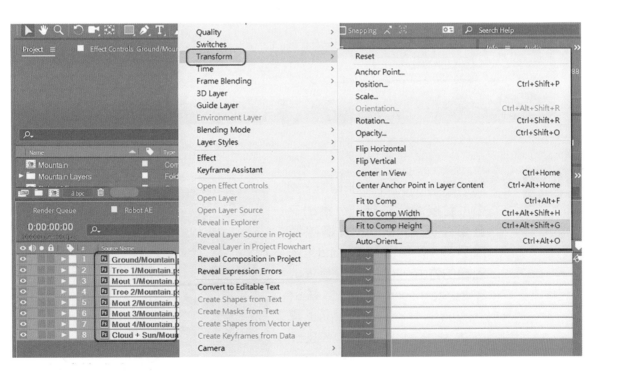

6. 點選 2 個圖層 Tree 1 及 Mout 1 後，點按滑鼠右鍵，在跳出之選單中選用 Pre-compose，在跳出的頁面中，將新合成檔名 (New composition name) 改為 MT1，並點選 Move all attributes into the new composition （將所有屬性移動到新合成中），點按 OK。

7. 依同樣的方式，點選 2 個圖層 Tree 2 及 Mout 2 後，點按滑鼠右鍵，在跳出之選單中選用 Pre-compose，在跳出的頁面中，將新合成檔名 (New composition name) 改為 MT2，並點選 Move all attributes into the new composition （將所有屬性移動到新合成中），點按 OK，如下圖所示。

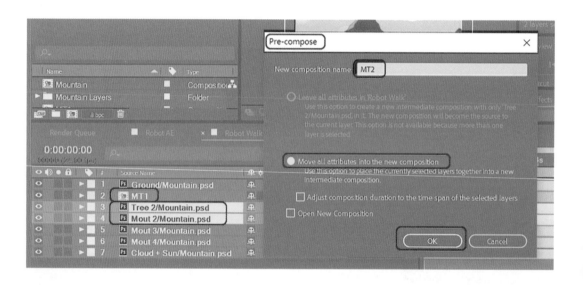

8. 點選圖層 Ground/Mountain.psd 後，點按滑鼠右鍵，在跳出之選單中選用 Rename （修改圖層名稱），修改為 Ground。依同樣的方式，依序將圖層 Mout 3/Mountain.psd 修改為 Mout 3，Mout 4/Mountain.psd 修改為 Mout 4 及 Cloud + Sun/Mountain.psd 修改為 Cloud，如下圖所示。

9. 用滑鼠右鍵點按 Timeline 視窗中之空白位置，在**跳出之選單中選用** New → Camera（相機）。

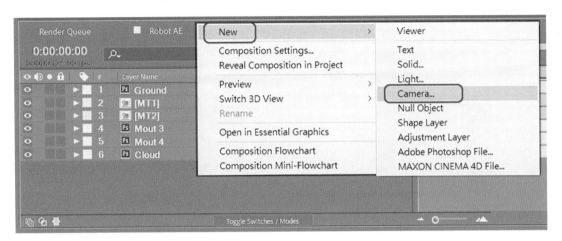

 10. 在跳出的 Camera Setting 頁面中，保留檔名為 Camera 1，相機鏡頭 Preset 修改為 28 mm，點按 OK 後，在 Timeline 視窗中會多出一 Camera 1 圖層。

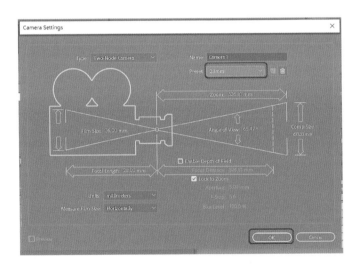

 11. 在 Timeline 視窗中將所有圖層點按 3D Layes，接著點選 Ground 圖層，點選 Edit → Duplicate，或用快捷鍵 Ctrl + D，複製 Ground 2 圖層，如下圖所示。

 12. 點選 Ground 2 圖層後，點按滑鼠右鍵，在跳出之選單中選用 Transform → Flip Horizontal（水平翻轉），將 Ground 圖層及 Ground 2 圖層點選 Solo 單一圖層顯示，接著調整 Ground 圖層之 Position 位置（x, y, z）為（800.0, 540.0, 0.0），Ground 2 圖層之 Position 位置為（2946.0, 540.0, 0.0），如下圖所示。

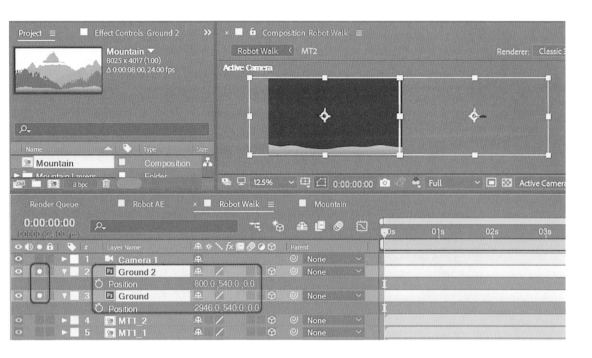

13. 依前面相同之步驟，用快捷鍵 Ctrl + D 複製 MT1、MT2、Mout 3 及 Mout 4 圖層，並修改檔名。

14. 點選 MT1_1 圖層後，點按滑鼠右鍵，在跳出之選單中選用 Transform→Flip Horizontal（水平翻轉），將 MT1_1 圖層及 MT1_2 圖層點選 Solo 單一圖層顯示，接著調整 MT1_2 圖層之 Position 位置（x, y, z）為（930.0, 540.0, 0.0），MT1_1 圖層之 Position 位置為（2158.0, 540.0, 0.0），如下圖所示。

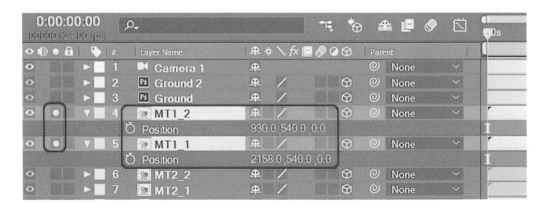

 15. 點選 MT2_1 圖層後,點按滑鼠右鍵,在跳出之選單中選用
Transform→Flip Horizontal (水平翻轉),將 MT1_1 圖層及 MT1_2 圖
層點選 Solo 單一圖層顯示,接著調整 MT1_2 圖層之 Position 位置 (x,
y, z) 為 (623.0, 540.0, 0.0),MT1_1 圖層之 Position 位置為 (2539.0,
540.0, 0.0),如下圖所示。

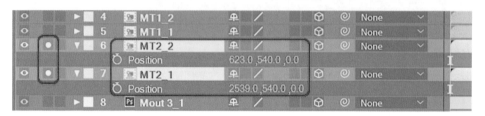

 16. 點選 Mout 3 圖層後,點按滑鼠右鍵,在跳出之選單中選用 Transform
→Flip Horizontal (水平翻轉),將 Mout 3 圖層及 Mout 3_1 圖層點
選 Solo 單一圖層顯示,接著調整 Mout 3_1 圖層之 Position 位置 (x, y,
z) 為 (726.0, 540.0, 0.0),Mout 3 圖層之 Position 位置為 (2866.0,
540.0, 0.0),如下圖所示。

 17. 點選 Mout 4 圖層後,點按滑鼠右鍵,在跳出之選單中選用 Transform
→Flip Horizontal (水平翻轉),將 Mout 4 圖層及 Mout 4_1 圖層點
選 Solo 單一圖層顯示,接著調整 Mout 4_1 圖層之 Position 位置 (x, y,
z) 為 (920.0, 540.0, 0.0),Mout 4 圖層之 Position 位置為 (3060.0,
540.0, 0.0),如下圖所示。

18. 將 Cloud 圖層及 Cloud 2 圖層點選 Solo 單一圖層顯示，接著調整 Cloud
    2 圖層之 Position 位置（x, y, z）為（1037.0, 540.0, 0.0），Cloud 圖
    層之 Position 位置為（2871.0, 540.0, 0.0），如下圖所示。

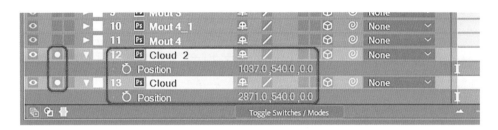

19. 在 Composition 視窗中點選右下角的 2 Views － Horizontal （2 視圖－
    水平），如下圖所示，左邊為上視圖（Top），點選 Timeline 中的 Camera 1
    圖層後，在上視圖（Top）就會顯示出相機，而右邊為動態相機視圖（Active
    Camera）。

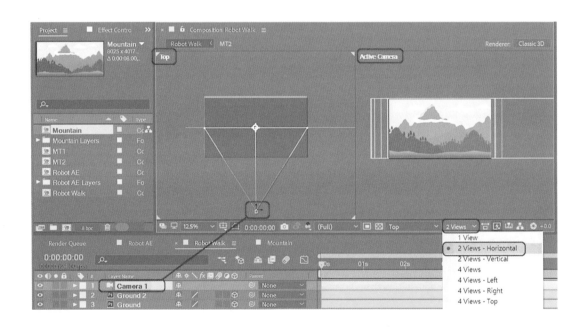

點選 Timeline 中的 Camera 1 圖層後，在
上視圖（Top）就會顯示出相機，而右邊為
動態相機視圖（Active Camera）

 20. 點選 MT1_1 圖層及 MT1_2 圖層，接著同時調整 MT1_2 圖層及 MT1_1 圖層 Position 之 z 軸位置，分別為 (930.0, 540.0, 275.0) 及為 (2158.0, 540.0, 275.0)，如上視圖 (Top) 所示，而在動態相機視圖 (Active Camera) 中可發現 MT1_2 圖層及 MT1_1 圖層的尺寸變小了，這是因為圖層遠離相機的緣故。

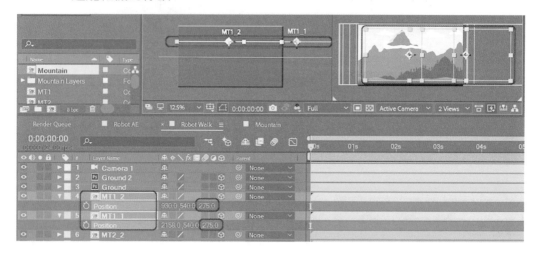

 21. 接著同時放大調整 MT1_2 圖層及 MT1_1 圖層 Scale 之尺寸大小，分別為 (120.0, 120.0, 120.0) 及為 (-120.0, 120.0, 120.0)，如上視圖 (Top) 及動態相機視圖 (Active Camera) 所示，並重新稍微調整一下 Position 之 x 軸位置，分別為 (930.0, 540.0, 275.0) 及為 (3216.0, 540.0, 275.0)。

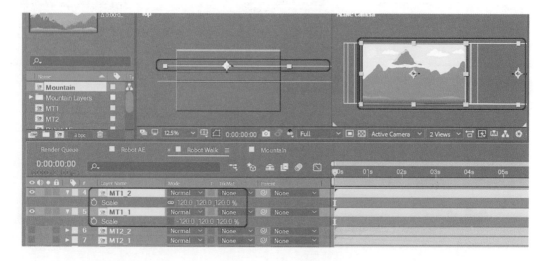

22. 點選 MT2_1 圖層及 MT2_2 圖層，接著同時調整 MT2_2 圖層及 MT2_1 圖層 Position 之 z 軸位置，分別為 (623.0, 540.0, 525.0) 及為 (2539.0, 540.0, 525.0)，如上視圖 (Top) 所示，而在動態相機視圖 (Active Camera) 中可發現 MT2_2 圖層及 MT2_1 圖層的尺寸也變小了。

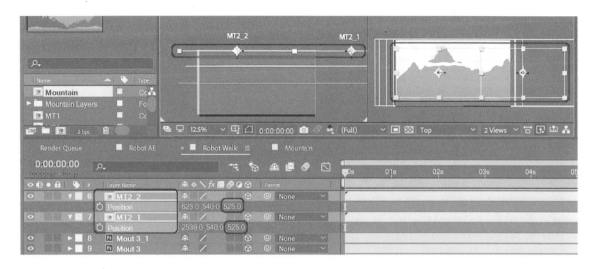

 23. 接著同時放大調整 MT2_1 圖層及 MT2_2 圖層 Scale 之尺寸大小，分別為 (140.0, 140.0, 140.0) 及為 (-140.0, 140.0, 140.0)，如上視圖 (Top) 及動態相機視圖 (Active Camera) 所示，並重新稍微調整一下 Position 之 x 軸位置，分別為 (810.0, 540.0, 525.0) 及為 (3495.0, 540.0, 525.0)。

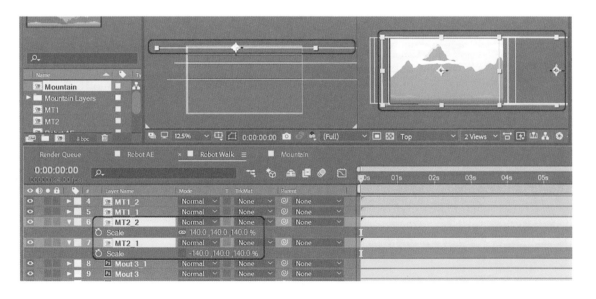

24. 點選 Mout 3_1 圖層及 Mout 3 圖層，接著同時調整 Mout 3_1 圖層及 Mout 3 圖層 Position 之 z 軸位置，分別為 (726.0, 540.0, 800.0) 及為 (2866.0, 540.0, 800.0)，如上視圖 (Top) 所示，而在動態相機視圖 (Active Camera) 中可發現 Mout 3_1 圖層及 Mout 3 圖層的尺寸變得更小了。

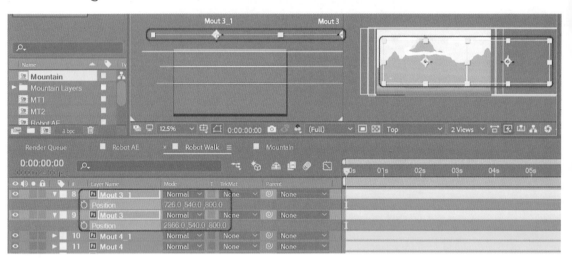

25. 接著同時放大調整 Mout 3_1 圖層及 Mout 3 圖層 Scale 之尺寸大小，分別為 (42.0, 42.0, 42.0) 及為 (-42.0, 42.0, 42.0)，如上視圖 (Top) 及動態相機視圖 (Active Camera) 所示，並重新稍微調整一下 Position 之 x 軸位置，分別為 (1010.0, 540.0, 800.0) 及為 (4000.0, 540.0, 800.0)。

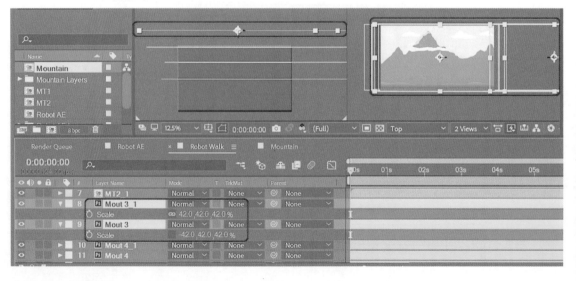

26. 點選 Mout 4_1 圖層及 Mout 4 圖層，接著同時調整 Mout 4_1 圖層及 Mout 4 圖層 Position 之 z 軸位置，分別為 (920.0, 540.0, 1075.0) 及 為 (3060.0, 540.0, 1075.0)，如上視圖 (Top) 所示，而在動態相機視圖 (Active Camera) 中可發現 Mout 4_1 圖層及 Mout 4 圖層的尺寸變得更小 了。

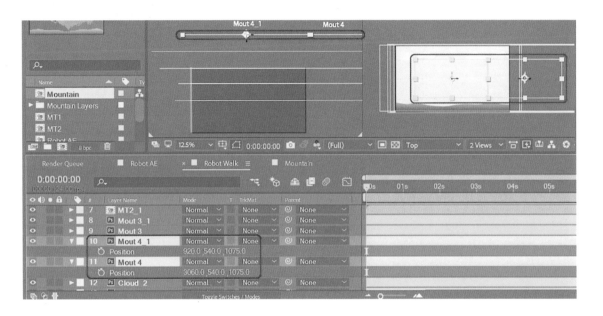

 27. 先把 Composition 視窗的倍率縮小至 6.25 %，並關閉 Cloud 2 圖層及 Cloud 圖層之圖層顯示，如此才可以清楚看清 Mout 4_1 圖層及 Mout 4 圖 層的山景，接著同時放大調整 Mout 4_1 圖層及 Mout 4 圖層 Scale 之尺 寸大小，分別為 (47.0, 47.0, 47.0) 及為 (-47.0, 47.0, 47.0)，如上 視圖 (Top) 及動態相機視圖 (Active Camera) 所示，並重新稍微調整一 下 Position 之 x 軸位置，分別為 (920.0, 540.0, 1075.0) 及為 (4390.0, 540.0, 1075.0)。

 點選 Timeline 中的 Camera 1 圖層後，在 上視圖 (Top) 就會顯示出相機，而右邊為 動態相機視圖 (Active Camera)

 28. 點選 Cloud 2 圖層及 Cloud 圖層,接著同時調整 Cloud 2 圖層及 Cloud 圖層Position 之 z 軸位置,分別為 (1037.0, 540.0, 1350.0) 及為 (2871.0, 540.0, 1350.0),如上視圖 (Top) 所示,而在動態相機視圖 (Active Camera) 中可發現 Cloud 2 圖層及 Cloud 圖層的尺寸變得更小了。

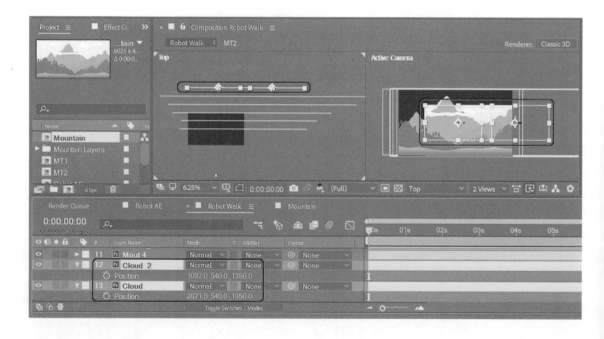

29. 同時放大調整 Cloud 2 圖層及 Cloud 圖層 Scale 之尺寸大小，分別為 (54.0, 54.0, 54.0) 及為 (54.0, 54.0, 54.0)，如上視圖 (Top) 及動態相機視圖 (Active Camera) 所示，並重新稍微調整一下 Position 之 x 軸位置，分別為 (1010.0, 540.0, 1350.0) 及為 (4571.0, 540.0, 1350.0)。

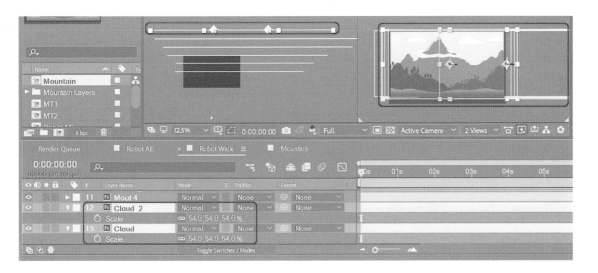

 30. 在 Timeline 視窗中點選 Camera 1 相機圖層，點按圖層前之三角箭頭，設定 Transform 下之 Point of Interest 及 Position 變數之關鍵影格，在時間 0;00;00;00 時，分別為 (951.8, 554.1, 0.0) 及 (951.8, 554.1, -1493.3)。

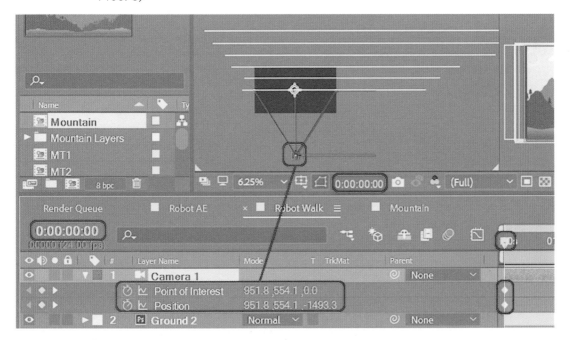

 31. 在 Timeline 時間為 0;00;07;23 時，設定 Transform 下之 Point of Interest 及 Position 變數之關鍵影格，在分別為 (2935.8, 554.1, 0.0) 及 (2935.8, 554.1, -1493.3)。在 Composition 視窗中的上視圖 (Top) 可看到相機向右移動，而在 Active Camera 視圖中山景也向右移動。

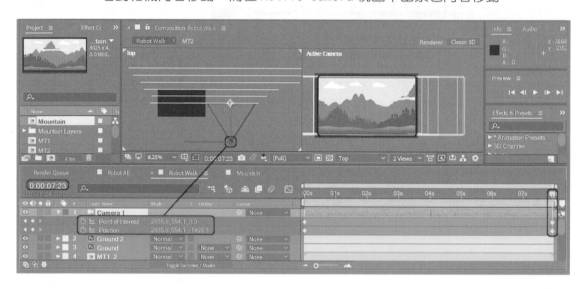

 32. 在 Project 視窗中將以設定好之走路機器人 Robot AE 合成檔拖拉至 Timeline 時間軸中，並調整機器人尺寸大小，如下圖所示。

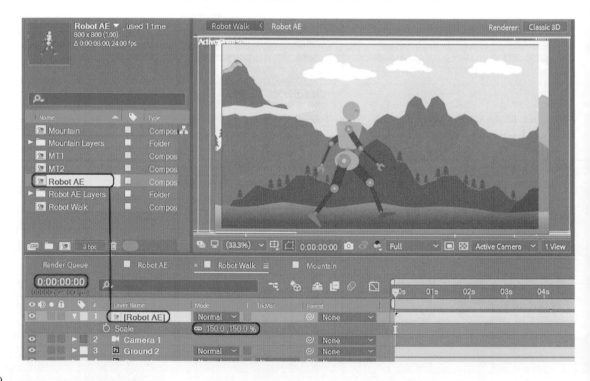

33. 機器人走路動作至 0;00;04;23 時，背後山景已相互錯移，形成景深效果，
如下圖所示。

繪製一組機器人（Robot）的頭、身體、左右手及左右腳的圖層，結合
Parent 父子關係及外掛程式 Duik_15.52 _installer 製作設定左右手及左
右腳的動作，並配合相機的運用，即可製作出機器人走路、跑步或跳躍的
動畫場景。

恭喜你，又完成了一課。再來點挑戰 ~~

1. **機器人跑步之動作動畫。**

   使用左右腳控制器，參考人類跑步之腳掌位移動線，
   設定腳掌之位移。

2. **機器人跳躍之動作動畫。**

   使用左右腳控制器設定腳掌之位移及左右手控制器設
   定手掌之適當位置，並調整軀幹、骨盆及 Master 控制
   器之位置，做出跳躍及落地之動作。

3. **一大群機器人走路之動作動畫。**

   多次複製機器人走路之動畫，調整機器人位置及大小。

Lesson8

樹木花瓣飄動動畫

一片楓葉，幾根樹枝，一根樹幹，即可製作出一大片隨風飛舞的

楓葉動畫場景搖曳的楓樹動畫場景。

樹木花瓣飄動動畫

利用 Adobe After Effects 特效合成的軟體，使用 CC Particle World 粒子特效，只要畫一片楓葉，就可製作幾十、幾百片隨風飛舞的楓葉，一根樹幹及一片葉子，再結合免費的外掛程式 Duik_15.52_installer，並使用工具列的玩偶圖釘工具 (Puppet Pin Tool) 來製作樹幹及樹葉的搖擺動作，運用複製功能及改變尺寸大小、旋轉、位置，即可製作出一片隨風飛舞的楓葉及搖曳的楓樹動畫場景。

8-1 樹葉之粒子特效

 1. 開啟 After Effects CC 後點選 New Composition（新合成），跳出 Composition Settings（合成設定）視窗中，Composition Name: Tree，Preset（預設）的下拉選單中選擇 HDTV 1080 29.97，Width: 1920 px，Height: 1080 px，Frame Rate: 29.97 fps，Duration 設定 8 秒 0;00;08;00，設定完成後點按 OK 按鈕。

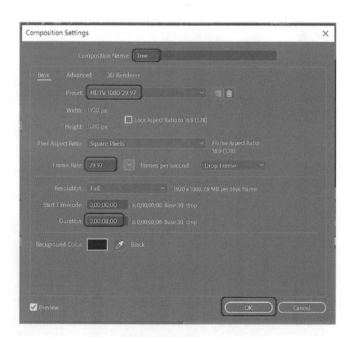

2. 點選工具列 File→Import→ File，匯入圖 檔：Tree AE， Import As: Composition， 點按 Import 按 鍵。

3. 在 Project 視窗中，連點兩下 Tree AE 合成檔，在 Timeline （時間軸） 中，就會顯示 2 個圖層，分別為 Tree L1 和 Tree N1。

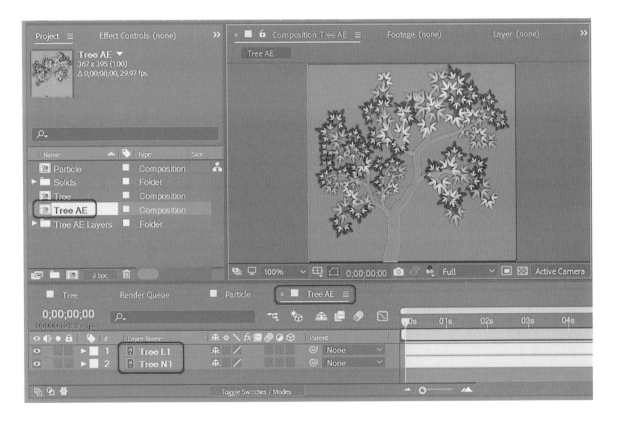

4. 點選 Composition → New Composition（新合成），跳出 Composition Settings（合成設定）視窗中，Composition Name: Particle，Preset（預設）的下拉選單中選擇 HDTV 1080 29.97，Width: 1920 px，Height: 1080 px，Frame Rate: 29.97 fps，Duration 設定 8 秒 0;00;08;00，設定完成後點按 OK 按鈕。

5. 接著點選 Layer → New，在跳出的選單中，點選 Solid（實體），Solid Name: Petal，設定完成後點按 OK 按鈕。

6. 在 Timeline（時間軸）視窗中，點選 Petal 圖層，接著點選 Effect → Simulation → CC Particle World。

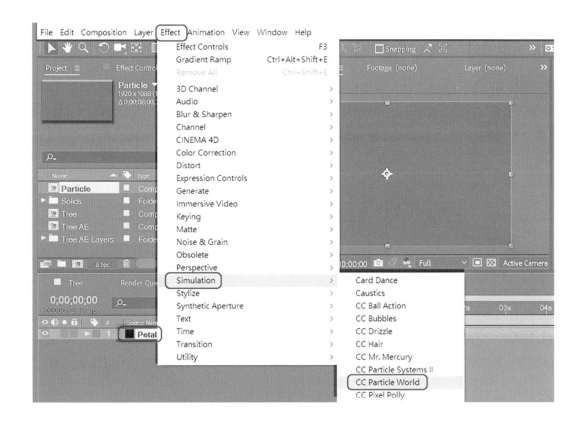

 7. 此時 Petal 已加入特效 CC Particle World，在 Composition 視窗中卻看不到任何粒子出現，我們可在 Timeline（時間軸）視窗中，拖曳時間指示器至 1 秒位置，即可看到由中心點噴射出金黃色的小粒子。

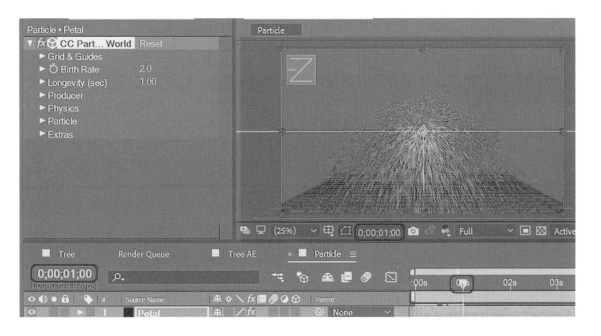

 8. 點選 Effect → Effect Controls，在 Effect Controls（特效控制）面板中，點選 Grid & Guides（網格和導引）前之三角箭頭，把 Position、Radius、Motion Path、Grid、Horizon 和 Axis Box 等所有變數前面之打勾取消。

 9. 在 Project 面板中之資料區點按滑鼠右鍵後，點選 New Folder（新資料夾），輸入資料夾名稱：Leaf。

 10. 點選工具列 File → Import → File，匯入三個 Photoshop 圖檔：Leaf0、Leaf R 及 Leaf Y，Import As: Footage，點按 Import 按鍵。

 11. 在 Particle 合成檔中，將 Leaf0 圖檔拖曳至 Timeline 時間軸的圖層中，並將 Leaf0 圖之 Scale 放大至 300 %，如下圖所示。

 12. 在 Particle 合 成 檔 中 的 Timeline 中點選 Petal 圖層，接著 Effect Controls（特效控制面板），修改 Birth Rate：0.1，Longevity：5.00。

 13. 點按 Particle 變數前之三角箭頭，Particle Type 選用 Textured QuadPolygon（方形素材），點按 Texture 變數前之三角箭頭，Texture Layer 選用 2. Leaf0 圖層（第 2 圖層 Leaf 0）。修改 Birth Size（出生尺寸大小）：0.400，Death Size（消失尺寸大小）：0.200。

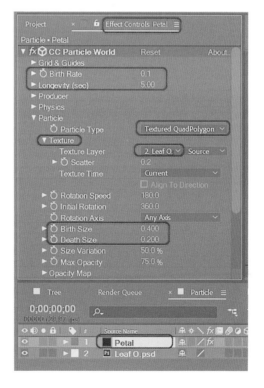

 14. 在 Timeline 時間軸中的 Leaf0 前之圖層顯示取消，並把時間指示器移至 0;00;03;15（3 秒 15 影格）處。

 15. 點按 Producer（產生器）變數前之三角箭頭，修改下列變數：
位置 Position X：-0.50; Position Y：0.00; Position Z：0.50;
半徑 Radius X：0.100; Radius Y：0.150; Radius Z：0.100。

 16. 點按 Physics（物理量）變數前之三角箭頭，修改下列變數：
Animation 選用 Explosive（爆炸）; Velocity（速度）：0.10; Gravity（重力）：-0.050。

 17. 點按 Gravity Vector（重力向量）變數前之三角箭頭，修改下列變數：
重力 Gravity X：-0.500; Gravity Y：0.100; Gravity Z：0.000。

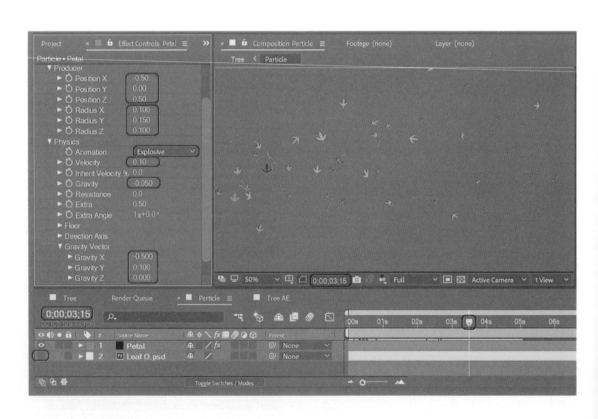

8-2 樹木與樹葉擺動之合成

1. 在 Timeline 中點選 Tree AE 合成檔，點選 Composition → Composition Settings，修改 Width：800 px，Heigth：800 px，完成後點按 OK。

2. 點選 Window，在跳出來的選單中，點按 Duik.jsx，在跳出來的面板中，點按 Launch Duik（啟動 Duik）。顯示之面板，即為 Duik 之工作面板及功能選項。

3. 選取 Timeline（時間軸）中 Tree L1 圖層，並將 Composition 視窗放大至 100 %，使用工具列之錨點工具（Anchor Point Tool），將 Tree L1 圖層的錨點移至 Tree L1 圖層樹根的下緣，接著，也將 Tree N1 圖層的錨點移至樹幹下緣位置。

4. 為了方便設定樹木之擺動，可點選在 Timeline 中第 1 圖層 Tree L1 左邊之白色小圓圈設定框，點選後在 Composition 視窗中只會顯示 Tree L1 之圖層，即單獨顯示有白色小圓圈的圖層。

5. 點選工具列的玩偶圖釘工具（Puppet Pin Tool），將 Composition 視窗中所顯示 Tree L1 之圖層放大至 100%，依序由下到上釘在樹木上，如下圖所示之黃色小圓圈。

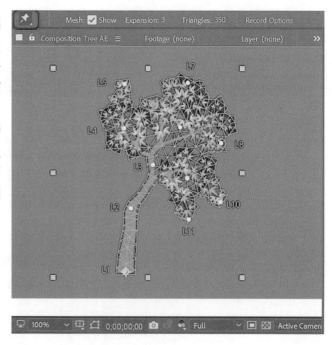

6. 在 Timeline（時間軸）中，點選 Tree L1 左側之小三角形箭頭 ▶，接著再點選 Effect 左側 ▶→ Puppet 左側 ▶ → Mesh 1 左側 ▶ → Deform 左側 ▶，則顯示出 11 個玩偶圖釘（Puppet Pin）之變數設定列，逐一修改簡化 Puppet Pin 1 ~ Puppet Pin11 之名稱為 L1 ~ L11。

 7. 全選 11 個玩偶圖釘變數設定列（L1 ~ L11），點按 Duik 工作面板中的 Bones（骨頭），將 Tree L1 中的 11 個玩偶圖釘綁定成骨頭，即每一個玩偶圖釘的移動或旋轉都會互相影響。

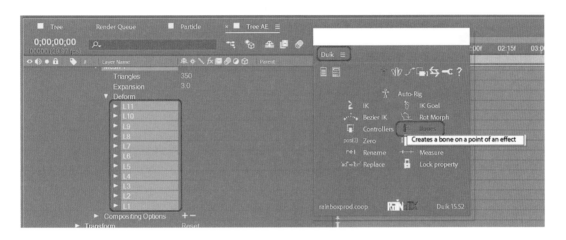

 8. 在 Timeline（時間軸）中，自動顯示 11 個骨頭圖釘（B_L1 ~ B_L11）圖層。

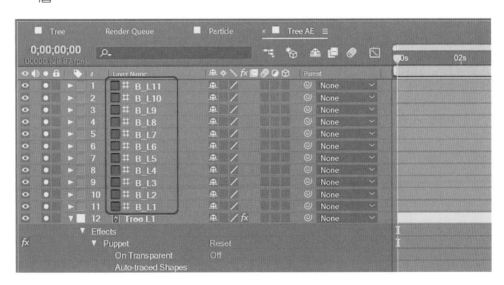

9. 將 11 個骨頭圖釘（B_L1 ～ B_L11）之圖層作父子關係（Parent）連結，第 1 圖層的 B_L11 和第 2 圖層的 B_L10 連結到第 3 圖層的 B_L9；第 4 圖層 的 B_L8 和第 5 圖層的 B_L7 連結到第 6 圖層的 B_L6；第 7 圖層的 B_L5 連結到第 8 圖層的 B_L4； 第 3 圖層的 B_L9、第 6 圖層的 B_L6 和第 8 圖 層的 B_L4 連結到第 8 圖層的 B_L4；第 9 圖層的 B_L3 連結到第 10 圖層 的 B_L2；第 10 圖層的 B_L2 連結到第 11 圖層的 B_L1。如下圖所示為連 結完成的骨頭圖釘（B_L1 ～ B_L11）圖層之父子關係（Parent）。

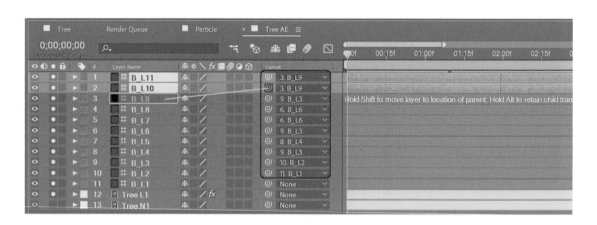

10. 在 Timeline（時間軸）中，時間由 0 秒至 4 秒之變數設定，選取第 3 圖 層的 B_L9、第 6 圖層的 B_L6、第 8 圖層的 B_L4、第 9 圖層的 B_L3、10 圖層的 B_L2 及第 11 圖層的 B_L1，共 6 個圖層，點按鍵盤 R 鍵，在各圖 層下方顯示 Rotation 旋轉變數之關鍵影格，依序移動時間指示針並設定 Rotation 旋轉變數之角度，如下表及下圖所示為所設定之時間及旋轉角 度。

在 Timeline 不同的時間下，Tree L1 之 Rotation 關鍵影格設定：

Tree L1	0;00;00;00	0;00;01;15	0;00;02;19	0;00;04;00
B_L9	0x+0. 0	0x-11. 0	0x+2. 0	0x-11. 0
B_L6	0x+0. 0	0x+6. 0	0x+2. 0	0x+5. 0
B_L4	0x+0. 0	0x-8. 0	0x+2. 0	0x-10. 0
B_L3	0x+0. 0	0x+6. 0	0x+2. 0	0x+5. 0
B_L2	0x+0. 0	0x+4. 0	0x+2. 0	0x+5. 0
B_L1	0x+0. 0	0x+6. 0	0x+2. 0	0x+5. 0

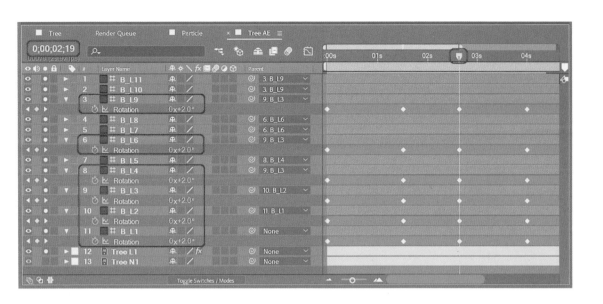

 11. 在 Timeline（時間軸）中，時間由 5 秒 15 影格至 7 秒 29 影格之 Rotation 旋轉變數設定，如下表及下圖所示為所設定之時間及旋轉角度。設定完成後，選取所有關鍵影格，**點按快捷鍵 F9，把關鍵影格修改為漸入漸出**，讓樹木擺動較為平滑。

在 Timeline 不同的時間下，Tree L1 之 Rotation 關鍵影格設定：

Tree L1	0;00;05;15	0;00;07;02	0;00;07;29
B_L9	0x+10. 0	0x-15. 0	0x+0. 0
B_L6	0x-6. 0	0x+10. 0	0x+0. 0
B_L4	0x+10. 0	0x-15. 0	0x+0. 0
B_L3	0x-6. 0	0x+10. 0	0x+0. 0
B_L2	0x-8. 0	0x-8. 0	0x+0. 0
B_L1	0x-6. 0	0x+10. 0	0x+0. 0

將玩偶圖釘綁定成骨頭，即每一個玩偶圖釘的移動或旋轉都會互相影響

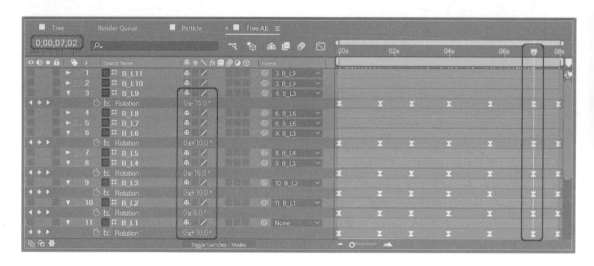

 12. 點選工具列的玩偶圖釘工具（Puppet Pin Tool），將 Composition 視窗中所顯示 Tree N1 之圖層放大至 100%，依序由下到上釘在樹木上，如下圖所示之黃色小圓圈。

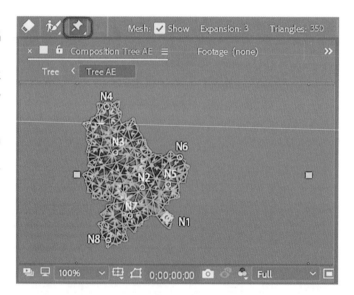

 13. 在 Timeline（時間軸）中，點選 Tree N1 左側之小三角形箭頭▶，接著再點選 Effect 左側▶→ Puppet 左側▶→ Mesh 1 左側▶→ Deform 左側▶，則顯示出 8 個玩偶圖釘（Puppet Pin）之變數設定列，逐一修改簡化 Puppet Pin 1 ~ Puppet Pin11 之名稱為 N1 ~ N8。

 14. 全選 8 個玩偶圖釘變數設定列（N1 ~ N8），點按 Duik 工作面板中的 Bones（骨頭），將 Tree N1 中的 8 個玩偶圖釘綁定成骨頭，即每一個玩偶圖釘的移動或旋轉都會互相影響。

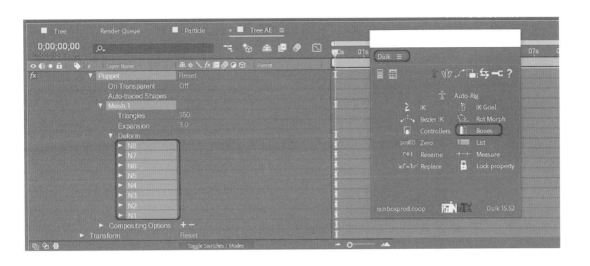

 15. 在 Timeline （時 間 軸）中，自動顯示 8 個骨頭圖釘（B_N1 ～ B_N8）圖層。

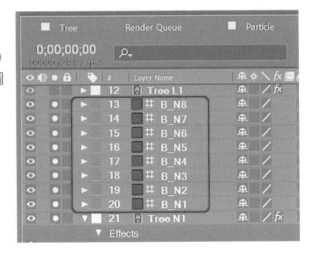

 16. 將 8 個骨頭圖釘（B_N1 ～ B_N8）之圖層作父子關係（Parent）連結，第 13 圖層的 B_N8 連結到第 14 圖層的 B_N7 ; 第 15 圖層的 B_N6 連結到第 16 圖層的 B_N5 ; 第 17 圖層的 B_N4 連結到第 18 圖層的 B_N3 ；第 19 圖層的 B_N2 連結到第 20 圖層的 B_N1 ; 第 14 圖層的 B_N7 和第 16 圖層的 B_N5 連結到第 20 圖層的 B_N1。

 17. 另外需要將樹枝 Tree N1 和樹木 Tree L1 連結在一起，免得 Tree L1 開始擺動時造成和 Tree N1 分離，因此將第 20 圖層的 B_N1 連結到第 10 圖層的 B_L2。如下圖所示為連結完成的骨頭圖釘（B_N1 ～ B_N8）圖層之父子關係（Parent）。

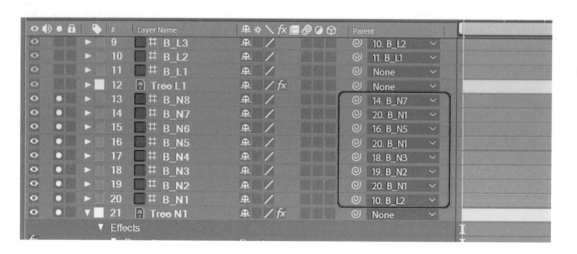

 18. 在 Timeline（時間軸）中，先點選第 11 圖層的 B_L1，點按鍵盤 R 鍵，在圖層下方顯示 Rotation 旋轉變數之關鍵影格，方便設定時之對照，時間由 0 秒至 4 秒之變數設定，選取第 14 圖層的 B_N7、第 16 圖層的 B_N5、第 18 圖層的 B_N3、第 19 圖層的 B_N2 及第 20 圖層的 B_N1，共 5 個圖層，點按鍵盤 R 鍵，在各圖層下方顯示 Rotation 旋轉變數之關鍵影格，依序移動時間指示針並設定 Rotation 旋轉變數之角度，如下表及下圖所示為所設定之時間及旋轉角度。

在 Timeline 不同的時間下，Tree N1 之 Rotation 關鍵影格設定：

Tree N1	0;00;00;00	0;00;01;15	0;00;02;19	0;00;04;00
B_N7	0x+0.0	0x+6.0	0x+2.0	0x-10.0
B_N5	0x+0.0	0x-5.0	0x+5.0	0x-10.0
B_N3	0x+0.0	0x-10.0	0x+5.0	0x-10.0
B_N2	0x+0.0	0x-5.0	0x+2.0	0x+5.0
B_N1	0x+0.0	0x+6.0	0x+2.0	0x+5.0

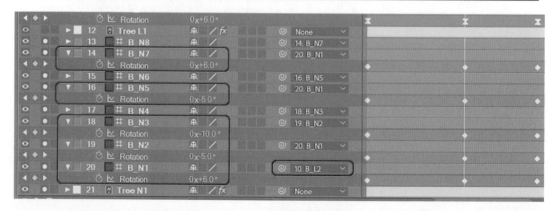

19. 在 Timeline（時間軸）中，時間由5秒15影格至7秒29影格之 Rotation旋轉變數設定，如下表及下圖所示為所設定之時間及旋轉角度。設定完成後，選取所有關鍵影格，點按快捷鍵F9，把關鍵影格修改為漸入漸出，讓樹木擺動較為平滑。

在 Timeline 不同的時間下，Tree N1 之 Rotation 關鍵影格設定：

Tree N1	0;00;05;15	0;00;07;02	0;00;07;29
B_N7	0x+6. 0	0x-10. 0	0x+0. 0
B_N5	0x+6. 0	0x-10. 0	0x+0. 0
B_N3	0x+6. 0	0x-10. 0	0x+0. 0
B_N2	0x+6. 0	0x+10. 0	0x+0. 0
B_N1	0x+6. 0	0x+10. 0	0x+0. 0

設定完成後，選取所有關鍵影格，點按快捷鍵F9，把關鍵影格修改為漸入漸出，讓樹木擺動較為平滑。

 20. Composition 視窗中顯示 Timeline 時間 0;00;07;02 時，Tree L1 及 Tree N1 樹木之彎曲情形。

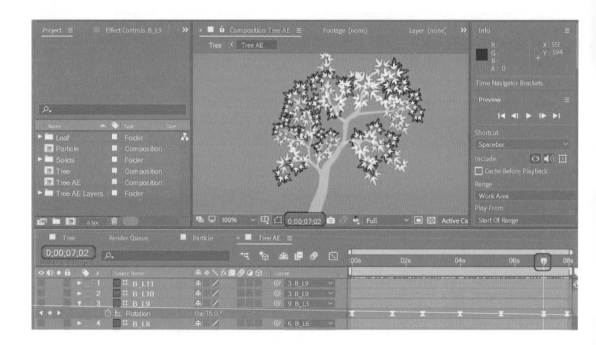

8-3 山景與樹木擺動之合成

 1. 點選工具列 File → Import → File，匯入圖檔：Tree 3T，Import As: Composition，點按 Import 按鍵。

 2. 在 Project 視窗中，連點兩下 Tree 3T 合成檔，在 Timeline（時間軸）中，就會顯示 6 個圖層，分別為樹木：T1、T2、T3，綠地：G1、G2 和背景 B1。

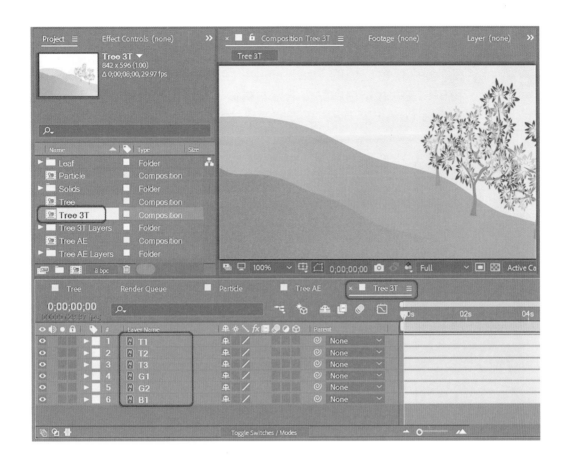

 3. 點 選 Composition
Composition Settings
（合成設定），在跳出
的視窗中，Composition
Name: Tree 3T，Preset
（預設）的下拉選單中選
擇 HDTV 1080 29.97，
Width: 1920 px，
Height: 1080 px，
Frame Rate: 29.97
fps，Duration 設定 8 秒
0;00;08;00，設定完成後
點按 OK 按鈕。

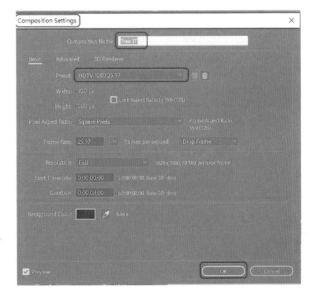

 4. 在 Tree 3T 合成檔的 Timeline 中，全選所有圖層 T1、T2、T3、G1、G2 和 B1，在面板空白處點按滑鼠右鍵後，在跳出的選單中選用 Transform Fit to Comp，讓 Tree 3T 圖層的尺寸大小符合 1920 x 1080。

 5. 選取 Timeline（時間軸）中 Tree 3T 圖層，並將 Composition 視窗放大至 100 %，使用工具列之錨點工具（Anchor Point Tool），將 T1 圖層的錨點移至移至 T1 圖層樹根的下緣，接著，也將 T2 及 T3 圖層的錨點移至樹幹下緣位置。

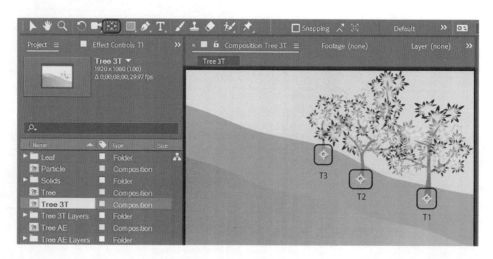

6. 點選工具列的玩偶圖釘工具（Puppet Pin Tool），將 Composition 視窗中所顯示 T1 之圖層放大至 100 %，依序由下到上釘在樹木上，如下圖所示之黃色小圓圈。

 7. 在 Timeline （時間軸）中，點選 T1 左側之小三角形箭頭▶，接著再點選 Effect 左側 ▶→ Puppet 左側▶→ Mesh 1 左側▶→ Deform 左側▶，則顯示出 4 個玩偶圖釘（Puppet Pin）之變數設定列，逐一修改簡化 Puppet Pin 1 ~ Puppet Pin 4 之名稱為 T1_1 ~ T1_4。

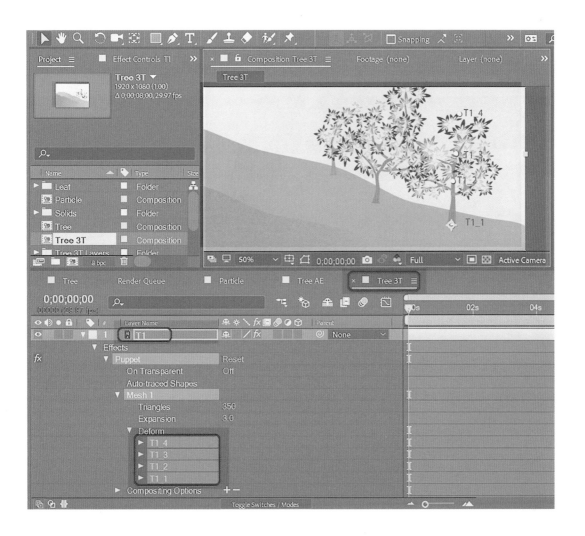

 8. 依同樣方式，點選工具列的玩偶圖釘工具（Puppet Pin Tool），將 Composition 視窗中所顯示 T2 之圖層放大至 100 %，依序由下到上釘在樹木上。

 9. 在 Timeline（時間軸）中，點選 T2 左側之小三角形箭頭 ▶，接著再點選 Effect 左側 ▶ → Puppet 左側▶→ Mesh 1 左側▶→ Deform 左側 ▶，則顯示出 4 個玩偶圖釘（Puppet Pin）之變數設定列，逐一修改簡化 Puppet Pin 1 ~ Puppet Pin 4 之名稱為 T2_1 ~ T2_4。

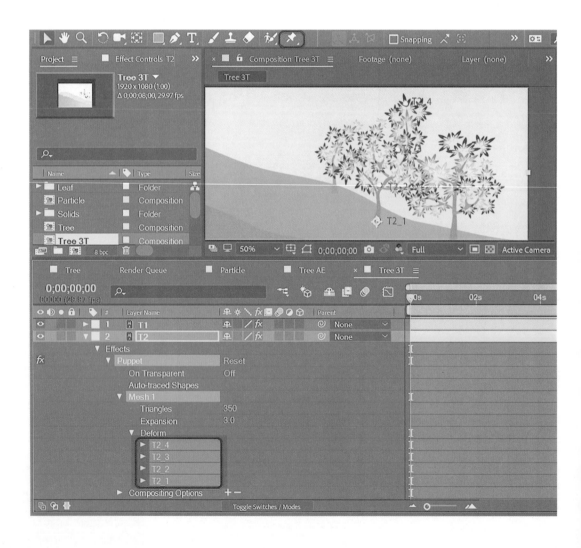

10. 依同樣方式，點選工具列的玩偶圖釘工具 (Puppet Pin Tool)，將 Composition 視窗中所顯示 T3 之圖層放大至 100 ％，依序由下到上釘在樹木上。

 11. 在 Timeline（時間軸）中，點選 T3 左側之小三角形箭頭 ▶，接著再點選 Effect 左側 ▶→ Puppet 左側 ▶→ Mesh 1 左側 ▶→ Deform 左側 ▶，則顯示出 4 個玩偶圖釘 (Puppet Pin) 之變數設定列，逐一修改簡化 Puppet Pin 1 ~ Puppet Pin 4 之名稱為 T3_1 ~ T3_4。

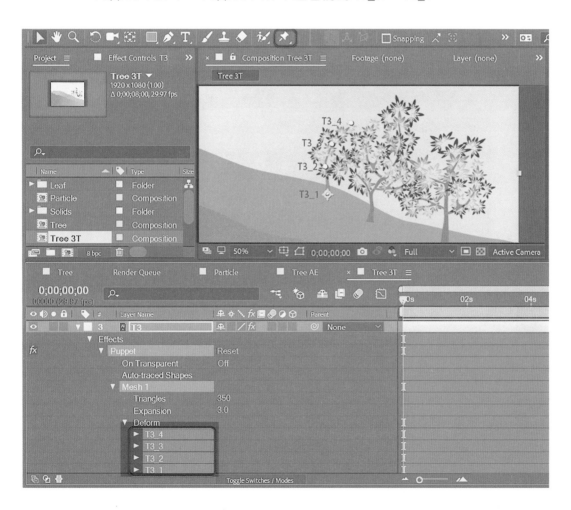

你真是不簡單，愈來愈有耐心了，可以注意到每個細節 ～～

 12. 在Timeline（時間軸）中，點選T1圖層中所有玩偶圖釘變數設定列（T1_1 ~ T1_4），點按 Duik 工作面板中的 Bones （骨頭），將 T1 圖層中的 4 個玩偶圖釘綁定成骨頭。接著點選T2圖層中所有玩偶圖釘變數設定列（T2_1 ~ T2_4），點按 Duik 工作面板中的 Bones （骨頭），將 T2 圖層中的 4 個玩偶圖釘綁定成骨頭。最後點選T3圖層中所有玩偶圖釘變數設定列（T3_1 ~ T3_4），點按 Duik 工作面板中的 Bones （骨頭），將 T3 圖層中的 4 個玩偶圖釘綁定成骨頭。

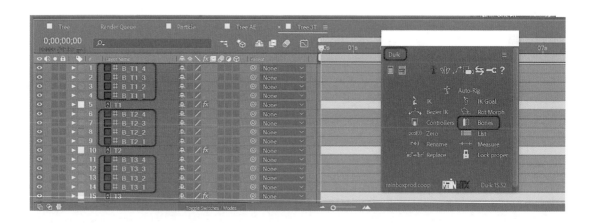

→ 13. 將T1 的 4 個骨頭圖釘（B_T1_1 ~ B_T1_4）之圖層作父子關係（Parent）連結，第 1 圖層的 B_T1_4 連結到第 2 圖層的 B_T1_3 ；第 2 圖層的 B_T1_3 連結到第 3 圖層的 B_T1_2； 第 3 圖層的 B_T1_2 連結到第 4 圖層的 B_T1_1。

→ 14. 將T2 的 4 個骨頭圖釘（B_T2_1 ~ B_T2_4）之圖層作父子關係（Parent）連結，第 6 圖層的 B_T2_4 連結到第 7 圖層的 B_T2_3 ；第 7 圖層的 B_T2_3 連結到第 8 圖層的 B_T2_2； 第 8 圖層的 B_T2_2 連結到第 9 圖層的 B_T2_1。

→ 15. 將T3 的 4 個骨頭圖釘（B_T3_1 ~ B_T3_4）之圖層作父子關係（Parent）連結，第 11 圖層的 B_T3_4 連結到第 12 圖層的 B_T3_3 ；第 12 圖層的 B_T3_3 連結到第 13 圖層的 B_T3_2； 第 13 圖層的 B_T3_2 連結到第 14 圖層的 B_T3_1。

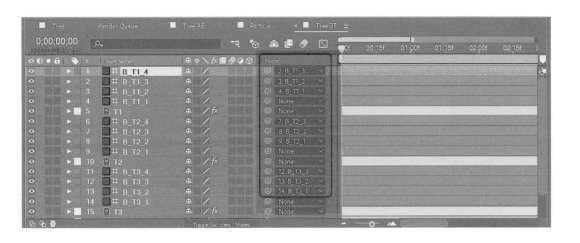

 16. 在 Timeline（時間軸）中，先點選第 1 圖層的 B_T1_4，點按鍵盤 R 鍵，
在圖層下方顯示 Rotation 旋轉變數之關鍵影格，方便設定時之對照，
時間由 0 秒至 4 秒之變數設定，選取第 2 圖層的 B_T1_3 及第 3 圖層的
B_T1_2，共 3 個圖層，點按鍵盤 R 鍵，在各圖層下方顯示 Rotation 旋
轉變數之關鍵影格，依序移動時間指示針並設定 Rotation 旋轉變數之
角度，如下表及下圖所示為所設定之時間及旋轉角度。

在 Timeline 不同的時間下，T1 之 Rotation 關鍵影格設定：

T1	0;00;00;00	0;00;01;15	0;00;02;19	0;00;04;00
B_T1_4	0x+0. 0	0x+5. 0	0x-2. 0	0x+7.0
B_T1_3	0x+0. 0	0x+5. 0	0x-2. 0	0x+7.0
B_T1_2	0x+0. 0	0x+5. 0	0x-2. 0	0x+7.0

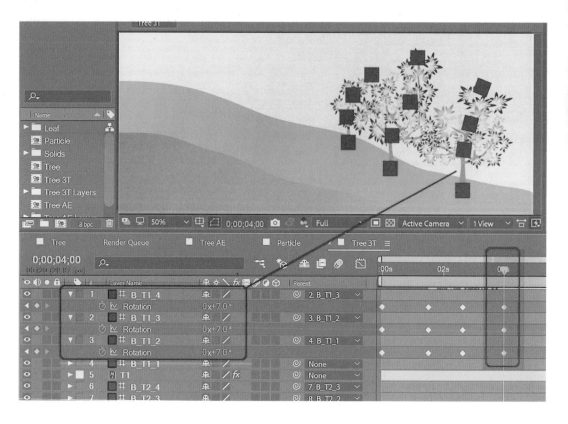

17. 在Timeline（時間軸）中，時間由5秒15影格至7秒29影格之Rotation旋轉變數設定，如下表及下圖所示為所設定之時間及旋轉角度。設定完成後，選取所有關鍵影格，點按快捷鍵F9，把關鍵影格修改為漸入漸出，讓樹木擺動較為平滑。

在Timeline不同的時間下，T1之Rotation關鍵影格設定：

T1	0;00;05;15	0;00;07;02	0;00;07;29
B_T1_4	0x-3.0	0x+5.0	0x-2.0
B_T1_3	0x-3.0	0x+5.0	0x-2.0
B_T1_2	0x-3.0	0x+5.0	0x-2.0

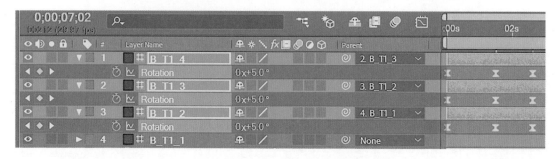

18. 在 Timeline（時間軸）中，先點選第 6 圖層的 B_T2_4，點按鍵盤 R 鍵，在圖層下方顯示 Rotation 旋轉變數之關鍵影格，方便設定時之對照，時間由 0 秒至 4 秒之變數設定，選取第 7 圖層的 B_T2_3 及第 8 圖層的 B_T2_2，共 3 個圖層，點按鍵盤 R 鍵，在各圖層下方顯示 Rotation 旋轉變數之關鍵影格，依序移動時間指示針並設定 Rotation 旋轉變數之角度，如下表及下圖所示為所設定之時間及旋轉角度。

在 Timeline 不同的時間下，T2 之 Rotation 關鍵影格設定：

T2	0;00;00;00	0;00;01;15	0;00;02;19	0;00;04;00
B_T2_4	0x+0.0	0x+5.0	0x-2.0	0x+6.0
B_T2_3	0x+0.0	0x+5.0	0x-2.0	0x+6.0
B_T2_2	0x+0.0	0x+5.0	0x-2.0	0x+6.0

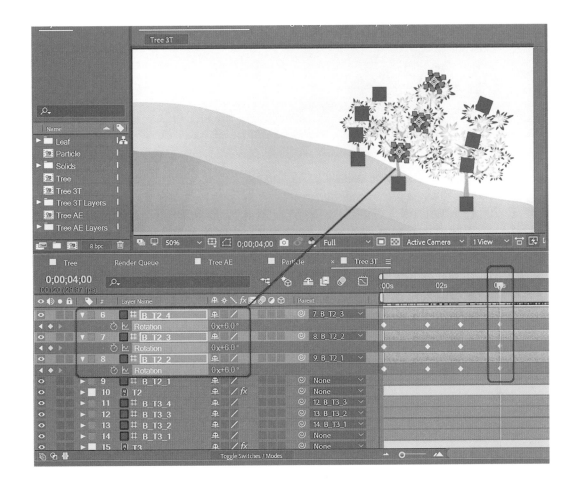

19. 在 Timeline（時間軸）中，時間由 5 秒 15 影格至 7 秒 29 影格之 Rotation 旋轉變數設定，如下表及下圖所示為所設定之時間及旋轉角度。設定完成後，選取所有關鍵影格，點按快捷鍵 F9，把關鍵影格修改為漸入漸出，讓樹木擺動較為平滑。

在 Timeline 不同的時間下，T2 之 Rotation 關鍵影格設定：

T2	0;00;05;15	0;00;07;02	0;00;07;29
B_T2_4	0x-3.0	0x+5.0	0x-1.0
B_T2_3	0x-3.0	0x+5.0	0x-1.0
B_T2_2	0x-3.0	0x+5.0	0x-1.0

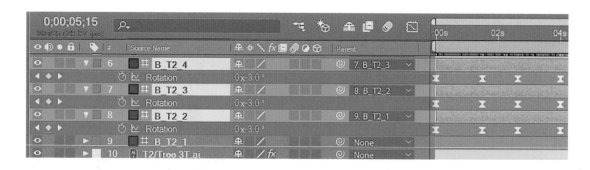

20. 在 Timeline（時間軸）中，先點選第 11 圖層的 B_T3_4，點按鍵盤 R 鍵，在圖層下方顯示 Rotation 旋轉變數之關鍵影格，方便設定時之對照，時間由 0 秒至 4 秒之變數設定，選取第 12 圖層的 B_T3_3 及第 13 圖層的 B_T3_2，共 3 個圖層，點按鍵盤 R 鍵，在各圖層下方顯示 Rotation 旋轉變數之關鍵影格，依序移動時間指示針並設定 Rotation 旋轉變數之角度，如下表及下圖所示為所設定之時間及旋轉角度。

在 Timeline 不同的時間下，T3 之 Rotation 關鍵影格設定：

T3	0;00;00;00	0;00;01;15	0;00;02;19	0;00;04;00
B_T3_4	0x+0.0	0x+3.0	0x-1.0	0x+4.0
B_T3_3	0x+0.0	0x+3.0	0x-1.0	0x+4.0
B_T3_2	0x+0.0	0x+3.0	0x-1.0	0x+4.0

 21. 在 Timeline（時間軸）中，時間由 5 秒 15 影格至 7 秒 29 影格之
Rotation 旋轉變數設定，如下表及下圖所示為所設定之時間及旋轉角度。
設定完成後，選取所有關鍵影格，點按快捷鍵 F9，把關鍵影格修改為漸
入漸出，讓樹木擺動較為平滑。

在 Timeline 不同的時間下，T3 之 Rotation 關鍵影格設定：

T3	0;00;05;15	0;00;07;02	0;00;07;29
B_T3_4	0x-1.0	0x+3.0	0x+0.0
B_T3_3	0x-1.0	0x+3.0	0x+0.0
B_T3_2	0x-1.0	0x+3.0	0x+0.0

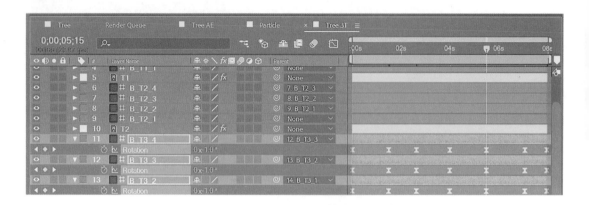

8-4　整合樹葉與樹木擺動之合成

 1.　在 Timeline 中點選 Tree 合成檔，在 Project 視窗中，選擇三個合成檔 Tree AE、Particle 及 Tree 3T 拖拉至 Timeline 中，圖層排列順序如下圖所示。

2. 在 Timeline 中複製 (Ctrl +D)Tree AE 圖層,並將複製後的 Tree AE 圖層移至第 1 圖層,調整 Position 向右移動至 (1000, 800),Scale 縮小為 (150, 150),如下圖所示。

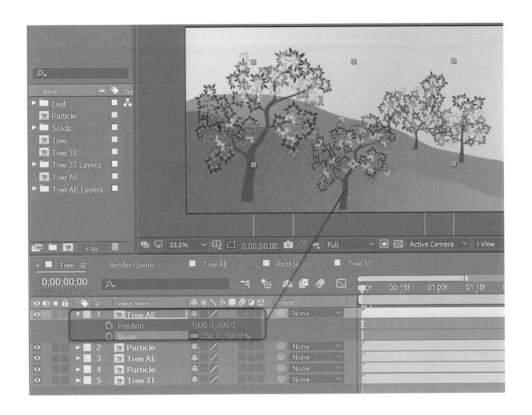

3. 在 Timeline 中複製 (Ctrl +D) Particle 圖層,並將複製後的 Particle 圖層移至第 2 圖層,調整 Position 向右移動至 (1500, 800),Scale 縮小為 (90, 90),如下圖所示。

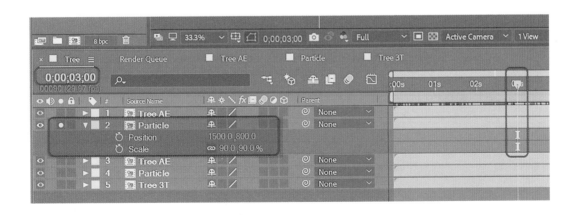

 4. 在 Timeline 中同時選取 Tree AE 圖層及 Particle 圖層，並將其開始顯示的時間延後 15 影格，以便使兩顆楓樹隨風擺動的時間有所變化，如下圖所示。

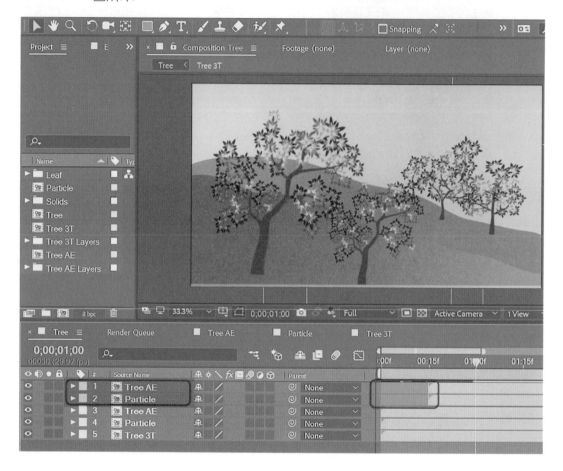

 5. 在 Timeline 中調整工作區開始時間為 0;00;00;15（15 影格）位置，游標移至工作區點按滑鼠右鍵。

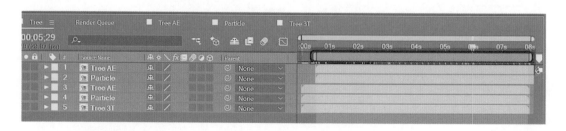

6. 點選 Trim Comp to Work Area，工作區開始時間為 0;00;00;16 位置，
   如下圖所示。

畫一片楓葉，畫幾根樹枝，劃一根樹幹，使用粒子特效、父子關係 (Parent)
連結及外掛程式 Duik_15.52_installer，並使用工具列的玩偶圖釘工具
(Puppet Pin Tool)，即可製作出一大片隨風飛舞的楓葉及搖曳的楓樹動畫
場景。

恭喜你，終於完成第 8 堂課，再來點挑戰～～

1. **加上緩慢飄移之霧氣動畫。**
   使用 Turbulent Noise 特效製作緩慢飄移之霧氣。

2. **加上快速飄移之霧氣動畫。**
   使用 Fractal Noise 特效製作快速飄移之霧氣。

3. **製作一整片楓樹林。**
   使用複製、放大、縮小、旋轉、位置等變數製作一整
   片楓樹林場景。

備忘重點筆記

備忘重點筆記

備忘重點筆記